U0038171

從零開始學!

從零開始學!

TOTAL

2004年至2008年間，我每年春天都誕生一本的「烤箱作點心的食譜」，共創作了五本食譜。本系列以點心為類別重新作編排，除了內容更容易閱讀之外，點心食譜的重點也濃縮為三本，嶄新登場與各位烘焙之友見面。

一路走來，如今回頭審視，當時對食譜內容的想法及製作點心相關的點點滴滴，就這麼悄然卻又鮮明地重新回憶起。有很多感觸，有很多的愛，無論哪一道食譜，都全心全意地投入製作與創新，對我而言，最心愛的點心烘焙是猶如可愛孩子般的存在。接下來的五年、十年，甚至更遙遠的未來，若是各位能夠利用本書中的食譜，自由地製作可口的點心，或是以本書為基礎創造更多變化，將是我莫大的榮幸。

本書收錄的內容為餅乾＆奶油蛋糕食譜。口感酥脆的餅乾及溫潤美味的奶油蛋糕，可以當作每天的早餐，製作點心來招待客人，或當成可愛小禮物。

接下來你也一起，輕鬆愉快地來烤出許多美味的點心吧！

稻田多佳子

點心烘焙
入門書系列
I

最詳細の烘焙筆記書I

從零開始學

餅乾&奶油蛋糕

Cookie & Cream Cake Recipe

稻田多佳子

CONTENTS

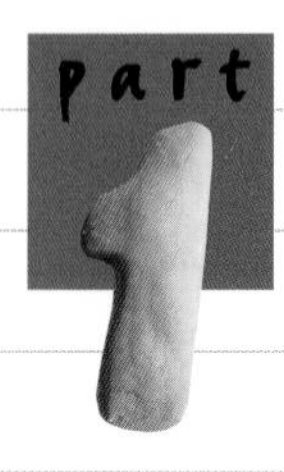

餅乾

本書使用說明

- 本書所使用的大匙為15ml，小匙為5ml。
- 雞蛋選用大顆L size。
- 室溫為20℃左右。
- 湯煎使用的熱水為沸水。
- 烤箱先行預熱。
  烘焙時間則視熱源及機種的不同而有所差異。
  請以食譜中的時間為基礎，
  視點心的烘焙狀況自行調整時間。
- 使用微波爐加熱時，功率為500W。

基本奶油蛋糕

part 3

水果奶油蛋糕

特別變化 memo

Column

關於材料

作甜點的基本材料如下　這些都是作甜點時會用到的基本材料。善加利用食材本身的滋味及特色，簡簡單單就能烤出好吃的點心。使用新鮮的材料，更能為點心加分哦！

＋粉類

低筋麵粉

在烘焙點心的世界裡，絕對不可或缺的材料就是低筋麵粉。一旦麵粉變質，烤出來的點心質感也會走樣。無論哪一種低筋麵粉，使用剛開封的新鮮麵粉來製作甜點，效果一定最好。開封後未使用完畢的麵粉，請密封保存，趁早盡快使用。

杏仁粉

將杏仁磨成粉末狀，適量加入麵糰中，可讓麵糰帶有杏仁的香氣，增加層次口感。過篩時若使用網目太細的篩子，粉末可能會卡住，請選用網眼較大的篩網。

＋砂糖

細砂糖

作點心時使用的糖，最好是沒有特殊氣味、甜味清爽不膩的細砂糖。如果想以上白糖代替，記得要先過篩。砂糖在甜點裡的作用不僅提供了甜度，也能讓點心的質地紋理更細緻、保存時間更長久。正因為砂糖扮演著如此重要的角色，所以在製作過程中想減少砂糖分量的同時，也要考慮到上述的重點。

黃砂糖＆紅糖

想為甜點增添一些樸素的顏色及香味時，可以選用精製度較低的天然砂糖。黃砂糖為蔗糖，紅糖則呈茶褐色，屬於赤砂糖的一種。和細砂糖混合使用時，能調和點心裡的甜味強度，變成優雅的甘甜。

＋蛋

請挑選新鮮健康的雞蛋。新鮮程度最好是可以直接拌飯生食的雞蛋。我在作點心時，通常會選用大顆的雞蛋（L size）。

＋巧克力

沒有過多添加物的烘焙專用巧克力（Couverture Chocolate）是比較好的選擇。若無法取得這種烘焙專用巧克力，也可以可可含量較高、口味偏苦的磚狀巧克力代替，或選擇如圖示中的巧克力豆，不用再切碎，很方便使用。我個人推薦比利時Callebaut公司的產品。

＋奶油

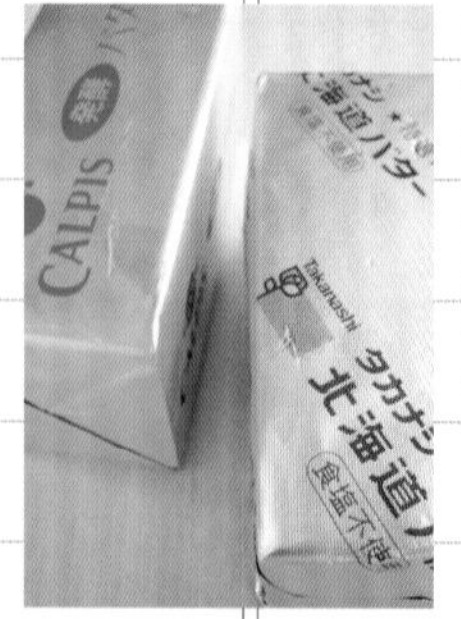

作甜點時使用的奶油，皆為無鹽奶油。若要作餅乾或塔類等需要些許鹹味的點心時，另外再加鹽即可。選用風味和質感極佳的發酵奶油，則可以提升點心的口感層次。使用一般奶油時，也可搭配些許發酵奶油，增添風味變化。

＋鮮奶油

如果想作出濃郁口感，還是要使用動物性奶油。可以選用乳脂成分約45%的產品。若想作出輕盈爽口的點心，可以改用乳脂成分約35%的鮮奶油。

part 1
餅乾

不管只有一小片或一小顆，一入口就能立刻溫暖人心，

讓人一展笑顏——就是這個小的點心的魔力。

酥酥脆脆，鬆鬆軟軟，滋潤芳香，輕脆爽口……

擁有各種豐富的口感，在香氣迷人的脆皮外表下，

卻有著樸素且貼近人心的特色，既神祕又充滿了魅力。

可以在日常生活裡當成一份貼心小禮，為點心時間增加新意，

或是一個人獨處時，搭配一杯咖啡或紅茶，悠閒地慢慢品嚐。

餅乾就是如此讓人隨時隨地都能輕鬆享受的點心。

核桃小雪球

這款餅乾相當受大人小孩的歡迎，總是讓我得到許多讚美。其實它的原名是「雪球」（Snow Ball），為了增加原創性，故意把它叫作「核桃小雪球」。一直以來，我都是以純手工的方式製作，最近因為訂單太多了，所以改以食物調理機揉製麵糰。因為餅乾在口中有如細砂般融化的口感實在太過誘人，吃過的人都以為，我製作時使用了什麼特殊的訣竅。現在我將食譜公開，大家就會明白了，作法其實非常簡單。不過也因為公開了食譜，大家的好奇心也會跟著一起消失了吧……不過，藉由這個機會，若能讓我的食譜受到歡迎而多多被利用，才是更令我開心的事。

在夏天品嚐時，有一個能增添美味的小訣竅：可以先放入冰箱冷藏後再享用，和在一般室溫下享用時的鬆軟口感不同，冰過後，餅乾會變得冰涼脆口，很不一樣喔！

材料（約70個）
低筋麵粉　130ｇ
杏仁粉　40ｇ
核桃　50ｇ
無鹽奶油　95ｇ
細砂糖　40ｇ
鹽　1小撮
裝飾用糖粉　適量

前置準備
+ 奶油切成邊長1.5cm，置於冰箱冷藏。
+ 烤盤內鋪上烘焙紙。

作法
1 在食物調理機內放入低筋麵粉、杏仁粉、細砂糖、鹽，啟動機器，以慢速拌勻粉類。
2 在步驟1裡加入奶油，反覆操作機器的開關鍵，使奶油及粉類充分混合後，加入核桃，再度反覆操作機器的開關鍵，直至材料攪拌揉合成一個完整的麵糰後，從機器內取出。
3 把麵糰壓平後放入塑膠袋內，或以保鮮膜包好，放入冰箱冷藏1小時以上。
4 烤箱以170℃預熱。將麵糰從冰箱取出後，以湯匙或手等分成小塊，同時揉成直徑1.5至2cm大小的圓形，間隔排列於烤盤上。
5 以170℃烤箱烤15分鐘，烤至餅乾周圍略微上色即可。完全冷卻後，放入裝有糖粉的塑膠袋內，轉動袋子，使餅乾均勻沾裹糖粉。

手工製作方法
1 鋼盆內放入在室溫下軟化的奶油，以打蛋器攪拌成柔軟乳霜狀，再加入細砂糖及鹽，持續攪拌至顏色偏白、柔軟蓬鬆為止。
2 將事先過篩的低筋麵粉、杏仁粉、切碎的核桃一起加入步驟1，以矽膠刮刀俐落地攪拌至粉末消失。
3 將攪拌好的麵糰揉整為一塊後，放入冰箱冷藏。接下來的作法請參考上述食物調理機版的步驟3。

採用手工製作，記得先把核桃切碎喔！
如果使用烤過的核桃，香氣更濃郁。

4種小雪球

核桃小雪球是我送禮時必備的固定班底之一。我把這個禮盒取名為「小雪球組合」，在盒子裡放入各式不同口味的小雪球，非常受歡迎。入口後鬆軟即融的口感，我自己非常喜歡，許多看了我的書而跟著試作的人，也都十分喜歡。真的很謝謝大家！

接續前頁的「核桃小雪球」，這裡要為大家介紹不加核桃的基本版小雪球＋3款變化版。我想，一次作數種不同口味一定很有趣，所以縮減了食譜的分量。如果想一次作大量的單一口味，也可以直接把食譜的分量加倍喔！

因為省去了添加核桃的步驟，作法變得更簡單，也可以結合不同材料、口味，製作變化版也同樣簡單呢！可可、咖啡、香草、肉桂、草莓乾、黑糖、 茶、黃豆等材料皆可變化應用，如果要列出所有和小雪球相關的食譜，大概可以列出一整本吧！大家也可盡情地發揮想像力，探索各種可能的口味，享受小雪球百變的魅力吧！

原味

材料（直徑2cm大小，可作約30至35個）

低筋麵粉　70g　　細砂糖　20g
杏仁粉　45g　　鹽　1小撮
無鹽奶油　45g　　裝飾用糖粉　適量

前置準備

+ 奶油切成邊長1.5cm，置於冰箱冷藏。
+ 烤盤內鋪上烘焙紙。

作法

1. 在食物調理機內放入低筋麵粉、杏仁粉、細砂糖、鹽，啟動機器約3秒，將粉類混合均勻。接著加入奶油，反覆操作機器的開關鍵，直至材料攪拌揉合成一個完整的麵糰後，從機器內取出。
2. 把麵糰壓平後放入塑膠袋內，或以保鮮膜包好，放入冰箱冷藏1小時以上。
3. 烤箱先以170℃預熱。把麵糰以湯匙或手等分成小塊，同時揉成直徑1.5至2cm大小的圓形，間隔排列於烤盤上。
4. 以170℃烤箱烤15分鐘，烤至餅乾周圍略微上色即可。完全冷卻後，放入已裝有糖粉的塑膠袋內，轉動袋子，使餅乾均勻沾裹糖粉。

手工製作方法

1. 鋼盆內放入在室溫下軟化的奶油，以打蛋器攪拌成柔軟乳霜狀，再加入細砂糖及鹽，持續攪拌至顏色偏白、柔軟蓬鬆為止。
2. 將事先過篩的低筋麵粉和杏仁粉一起加入步驟1，以矽膠刮刀俐落地攪拌至粉末消失且完全混合為止。
3. 將攪拌好的麵糰揉整為一塊後，放入冰箱冷藏。接下來的作法請參考上述食物調理機版的步驟2。

紅茶口味

材料（直徑2cm大小，可作約30至35個）

低筋麵粉　70g　　鹽　1小撮
杏仁粉　40g　　紅茶葉　2g
無鹽奶油　45g　　（紅茶包1包）
細砂糖　20g　　裝飾用糖粉　適量

作法

和「原味小雪球」相同。唯獨在步驟1時，加入磨碎的紅茶粉（如果使用茶包，將茶包內的茶粉直接倒入即可）。

橙皮口味

材料（直徑2cm大小，可作約30至35個份）

低筋麵粉　70g　　鹽　1小撮
杏仁粉　40g　　糖漬橙皮
無鹽奶油　45g　　（切碎備用）　40g
細砂糖　15g　　裝飾用糖粉　適量

作法

和「原味小雪球」相同。唯獨在步驟1時，加入糖漬橙皮。

橙皮口味

材料（直徑2cm大小，可作約30至35個份）

低筋麵粉　70g　　鹽　1小撮
杏仁粉　45g　　黃檸檬皮刨絲　½顆
無鹽奶油　45g　　檸檬原汁　1小匙
細砂糖　20g　　裝飾用糖粉　適量

作法

和「原味小雪球」相同。唯獨在步驟1裡，加入檸檬皮、檸檬汁和奶油。

我選用的紅茶是TWINING的伯爵茶。
我是直接使用茶包裡的茶葉，
大家也可依據個人喜好選擇自己喜歡的茶香喔！

糖漬橙皮經過食物調理機攪拌後，
會在麵糰裡融入細緻的口感。
如果以手工製作，則可吃到完整的橙皮，
滋味也很棒。
製作檸檬口味時，如果不使用新鮮果皮，
也可以改用Pulco檸檬濃縮原汁。
（檸檬濃縮原汁可換成自己慣用的品牌）

莎布蕾（biscuit-sablés）

我開始對作甜點產生興趣，應該是在小學時期。雖然不記得當初在什麼樣的契機之下開始想作甜點，不過，我想只要是女孩，都會有一段時期特別憧憬手作甜點吧！我記得自己最初作的，好像是什麼都沒加的基本原味餅乾，就是那種小朋友最喜歡的動物或心形造型餅乾。材料準備好，小心地計算份量作出麵糰，再以自己喜歡的模型壓出餅乾的造型，接著送進烤箱……這段過程特別令人緊張又充滿期待！只是，當時的我是那種不喜歡事後清洗整理的小孩。有著如此深刻回憶的造型餅乾，最近卻越來越少製作了。現在的我，因為注重效率，只作「把長條形麵糰切等分後烘焙即完成」的餅乾，簡單又不容易出錯！

這款莎布蕾的麵糰，以模型壓好後烘烤就很好吃。偶爾也可試試，回到兒時的自己，烤個造型餅乾也不錯呢！

材料（約50片）
低筋麵粉　130g
杏仁粉　50g
無鹽奶油　110g
細砂糖　55g
蛋黃　1個
鹽　1小撮
沾裹用的細砂糖　適量
手粉（擀麵糰用，最好是高筋麵粉）　適量

前置準備
+ 奶油切成邊長1.5cm，置於冰箱冷藏。
+ 烤盤內鋪上烘焙紙。

作法
1 在食物調理機內放入低筋麵粉、杏仁粉、細砂糖、鹽，啟動機器將所有粉類攪拌均勻。
2 在步驟1裡加入奶油，反覆操作機器的開關鍵，直至粉類和奶油混合均勻後，加入蛋黃，再次反覆操作機器的開關鍵，待全部材料攪拌揉合成一個完整的麵糰後，從機器內取出。
3 把麵糰壓平後放入塑膠袋內，或以保鮮膜包好，放入冰箱冷藏1小時以上。
4 從冰箱取出麵糰後，放在事先撒上手粉的平檯，將麵糰分成2等分，各自揉成直徑2.5至3cm的長條形，以保鮮膜包好，再次送入冰箱冷藏，靜置2小時以上。烤箱以170℃預熱。
5 在淺盤內撒上細砂糖，將步驟4的麵糰放入淺盤內滾動，使其均勻沾裹糖粉，再將長條形麵糰切成每片7至8mm厚片狀，間隔排列於烤盤上，以170℃烤箱烤15分鐘。

手工製作方法
1 鋼盆內放入在室溫下軟化的奶油，以打蛋器攪拌成柔軟乳霜狀，再加入細砂糖及鹽，持續攪拌至顏色偏白、柔軟蓬鬆為止。
2 在步驟1裡加入蛋黃，攪拌均勻，再加入事先過篩的低筋麵粉、杏仁粉，以矽膠刮刀俐落地攪拌至粉末消失且完全混合為止。
3 將攪拌好的麵糰揉整為一塊後，放入冰箱冷藏。接下來的作法請參考上述食物調理機版的步驟3。

杏仁粉是把杏仁磨成粉末狀的產品。
和低筋麵粉混合使用，
能烤出滋味極富層次、
口感溫潤扎實的點心。
可是麵粉和杏仁粉的比例該怎麼抓？
哪一個比重較重才會好吃？
這兩點一直讓我傷腦筋呢……

黑芝麻餅乾

很久以前就想要作出一款符合我自己口味偏好的芝麻餅乾，但歷經了多次的失敗重來，總是找不到令自己滿意的配方。終於在某一天，當我嘗試製作莎布蕾的變化版時，就這樣輕易發現了簡單的好滋味。人們常說，越是在眼前的東西越是看不清，我想，這就是指考慮太多時總會不小心繞遠路的意思吧！

我請許多人試吃這款餅乾，至今還沒有人告訴我「好難吃！」，因此我想這個食譜是行得通的吧！芝麻可選白芝麻或黑芝麻，甚至混用也行。芝麻的份量也可隨喜好增減。有許多地方都可以買到品質極佳的芝麻，我自己則喜歡京都山田製油的炒熟黑芝麻。

材料（約50片）
低筋麵粉　130g
杏仁粉　40g
炒熟黑芝麻　40g
無鹽奶油　110g
細砂糖　60g
蛋黃　1個
鹽　　1小撮
手粉（擀麵糰用，最好是高筋麵粉）　適量

前置準備
+ 奶油切成邊長1.5cm，置於冰箱冷藏。
+ 烤盤內鋪上烘焙紙。

圖中為山田製油的炒熟黑芝麻。
使用芝麻專賣店所販賣的高品質黑芝麻，
就能烤出滋味豐富、香氣十足的點心。
不只黑芝麻，還有研磨芝麻及麻油等，
或其他的芝麻相關產品，
皆可應用在料理中。

作法
1 在食物調理機內放入低筋麵粉、杏仁粉、黑芝麻、細砂糖、鹽，啟動機器將所有粉類攪拌均勻。
2 在步驟1裡加入奶油，反覆操作機器的開關鍵，直至粉類和奶油混合均勻後，加入蛋黃，再次反覆操作機器的開關鍵，待全部材料攪拌揉合成一個完整的麵糰後，從機器內取出。
3 把麵糰壓平後放入塑膠袋內，或以保鮮膜包好，放入冰箱冷藏1小時以上。
4 從冰箱取出麵糰後，放在事先撒上手粉的平檯，將麵糰分成2等分，各自揉成直徑2.5至3cm的長條形，以保鮮膜包好，再次送入冰箱冷藏，靜置2小時以上。烤箱以170℃預熱。
5 把長條形麵糰切成每片7至8mm厚片狀，間隔排列於烤盤上，以170℃烤箱烤15分鐘。

手工製作方法
1 鋼盆內放入在室溫下軟化的奶油，以打蛋器攪拌成柔軟乳霜狀，再加入細砂糖及鹽，持續攪拌至顏色偏白且柔軟蓬鬆為止。
2 在步驟1裡加入蛋黃，攪拌均勻，再加入事先過篩的低筋麵粉、杏仁粉、黑芝麻，以矽膠刮刀俐落地攪拌至粉末消失且完全混合為止（在這裡因為不使用食物調理機，所以芝麻會保留原來的顆粒狀。可視喜好將一半分量的芝麻先磨碎後再使用）。
3 將攪拌好的麵糰揉整為一塊後，放入冰箱冷藏。接下來的作法請參考上述食物調理機版的步驟3。

楓糖餅乾

從楓樹取得的樹汁濃縮後便是楓糖漿，再把楓糖漿濃縮、去除水分後，得到如沙粒般的成品就是楓糖。當我想作出風味獨特、甜度清爽的餅乾時，就會利用楓糖來製作。

餅乾的基本配方是1：2：3。1份砂糖，2份奶油，3份分麵粉，簡單明瞭的比例，請記下來，很實用哦！在上述的配方裡加入蛋黃，可以讓麵糰更漂亮均勻，再加入楓糖，會讓烤出來的餅乾帶有光澤感呢！至於楓糖使用的比例，可以視楓糖的甜度而定。若是高品質的楓糖，甚至不需搭配細砂糖，完全使用楓糖也行。

材料（約50片）
低筋麵粉　150g
無鹽奶油　100g
楓糖　30g
細砂糖　20g
蛋黃　1個
鹽　1小撮
手粉（擀麵糰用，最好是高筋麵粉）　適量

前置準備
+奶油切成邊長1.5cm，置於冰箱冷藏。
+烤盤內鋪上烘焙紙。

作法
1 在食物調理機內放入低筋麵粉、楓糖、細砂糖、鹽，啟動機器將所有粉類攪拌均勻。
2 在步驟1裡加入奶油，反覆操作機器的開關鍵，直至粉類和奶油混合均勻後，加入蛋黃，再次反覆操作機器的開關鍵，待全部材料攪拌揉合成一個完整的麵糰後，從機器內取出。
3 把麵糰壓平後放入塑膠袋內，或以保鮮膜包好，放入冰箱冷藏1小時以上。
4 從冰箱取出麵糰後，放在事先撒上手粉的平檯，將麵糰分成2等分後，各自揉成直徑2.5至3cm的長條形，以保鮮膜包好，再次送入冰箱冷藏，靜置2小時以上。烤箱以170℃預熱。
5 把長條形麵糰切成每片7至8mm厚的片狀，間隔排列於烤盤上，以170℃烤箱烤15分鐘。

手工製作方法
1 鋼盆內放入在室溫下軟化的奶油，以打蛋器攪拌成柔軟乳霜狀，再加入楓糖、細砂糖、鹽，持續攪拌至柔軟蓬鬆為止。
2 在步驟1裡加入蛋黃，攪拌均勻，再加入事先過篩的低筋麵粉，以矽膠刮刀俐落地攪拌至粉末消失且完全混合為止。
3 將攪拌好的麵糰揉整為一塊後，放入冰箱冷藏。接下來的作法請參考上述食物調理機版的步驟3。

這是我愛用的楓糖品牌。
依據糖的種類不同，口感甜度會有差異，
有一些會摻雜不同口味；
我喜歡使用純楓糖，
把楓糖撒在抹好奶油的鬆餅
（Pancake & Waffle）上，
可以替代楓糖漿喔！

花生醬餅乾

當初是為了調味入菜而買了花生醬，卻沒什麼機會當成沾醬，或是在調拌料理時派上用場。因為老是用不完，所以心想：「不如拿來作點心吧！」因而誕生了這款花生醬餅乾。口感富有層次，花生醬的強烈香氣令口齒留香，廣受喜歡花生醬的朋友歡迎，但是不怎麼喜歡花生醬的人似乎就……如果碰到這種情況，可以減少花生醬的用量，再以奶油補足，就可以調整出適合的口味。雖然這是一款有人喜歡有人不愛的餅乾，但我覺得配上香濃有勁道的咖啡，還挺適合的呢！

材料（約50片）
低筋麵粉　120g
無鹽奶油　60g
花生醬　60g
紅糖（Brown Sugar）　50g
蛋黃　1個
鹽　1小撮
手粉（擀麵糰用，最好是高筋麵粉）　適量

前置準備
+ 奶油切成邊長1.5cm，置於冰箱冷藏。
+ 烤盤內鋪上烘焙紙。

作法
1. 在食物調理機內放入低筋麵粉、紅糖、鹽，啟動機器將所有粉類攪拌均勻。
2. 在步驟1裡加入奶油，反覆操作機器的開關鍵，直至粉類和奶油混合均勻後，加入花生醬和蛋黃，再次反覆操作機器的開關鍵，待全部材料攪拌揉合成一個完整的麵糰後，從機器內取出。
3. 把麵糰壓平後放入塑膠袋內，或以保鮮膜包好，放入冰箱冷藏1小時以上。
4. 從冰箱取出麵糰後，放在事先撒上手粉的平檯，將麵糰分成2等分後，各自揉成直徑2.5至3cm的長條形，以保鮮膜包好，再次送入冰箱冷藏，靜置2小時以上。烤箱以170℃預熱。
5. 把長條形麵糰切成每片7至8mm厚的片狀，間隔排列於烤盤上，以170℃烤箱烤15分鐘。

手工製作方法
1. 鋼盆內放入在室溫下軟化的奶油和花生醬，以打蛋器攪拌成柔軟乳霜狀，再加入紅糖和鹽，持續攪拌至柔軟蓬鬆為止。
2. 在步驟1裡加入蛋黃，攪拌均勻，再加入事先過篩的低筋麵粉，以矽膠刮刀俐落地攪拌至粉末消失且完全混合為止。
3. 將攪拌好的麵糰揉整為一塊後，放入冰箱冷藏。接下來的作法請參考上述食物調理機版的步驟3。

花生醬請選擇低糖的產品。
在此選用的是沒有顆粒的花生醬，
若使用有花生顆粒的花生醬也很好吃喔！
把花生醬和蜂蜜混合後作成抹醬，
搭配麵包或原味馬芬也超級美味。

復刻版的立頓紅茶錫罐，
是在大阪的批發商店街找到的，
我拿它來收納茶包，
雖然用法沒什麼創意，但是我喜歡一目瞭然的感覺。
只不過，錫罐裡的茶包，
不單只有立頓的就是了。

紅茶餅乾

比起咖啡，我更喜歡喝紅茶。一天總要泡上好幾回紅茶，它的色澤、滋味和香氣都非常能撫慰我的心情。當然也會喝以即溶咖啡或黑咖啡作成的咖啡牛奶，或是番茶（註）、焙茶，都是每天不可或缺的飲品，但對我來說，下午茶就是品味紅茶的時候。

和紅茶相遇的契機，至今仍然記憶鮮明，小時候上書法課的教室裡，老師總會泡奶茶給我喝。以立頓的Yellow Lable泡出來的紅茶，加上許多Creap奶球，再放入方糖，就是一杯又香又甜的奶茶。奶茶呈現出來的茶褐色，還有喝進嘴裡香甜的滋味，給我一種溫馨的感覺；如今回想，當時應該是為了喝奶茶才去學書法的吧……

為了在下午茶時間可以搭配奶茶一起享用，我製作了這款紅茶餅乾，最大的特色在於添加了榛果粉。比起添加杏仁粉的作法，這款紅茶餅乾在口味上更適合大人。如果沒有榛果粉，也可以杏仁粉替代；若是沒有鮮奶油，改以牛奶搭配也行。雖然口味上會有一點微妙的出入，但只需使用手邊方便取得的材料輕鬆地進行就好。好好享受喝茶的悠閒時光吧！

註：番茶（ばんちゃ）是日本綠茶的一種，使用茶尖嫩芽以下、尺寸較大的葉子焙製而成，夏秋兩季採收的茶葉也稱為番茶。

材料（約50片）
低筋麵粉　150g
榛果粉　30g
紅茶葉　6g（紅茶包3包）
無鹽奶油　110g
細砂糖　60g
鮮奶油　1大匙
鹽　1小撮
手粉（擀麵糰用，最好是高筋麵粉）　適量

前置準備
+ 奶油切成邊長1.5cm，置於冰箱冷藏。
+ 烤盤內鋪上烘焙紙。

作法
1 在食物調理機內放入低筋麵粉、榛果粉、紅茶葉、細砂糖、鹽，啟動機器將所有粉類攪拌均勻。
2 在步驟1裡加入奶油，反覆操作機器的開關鍵，直至粉類和奶油混合均勻後，加入鮮奶油，再次反覆操作機器的開關鍵，待全部材料攪拌揉合成一個完整的麵糰後，從機器內取出。
3 把麵糰壓平後放入塑膠袋內，或以保鮮膜包好，放入冰箱冷藏1小時以上。
4 從冰箱取出麵糰後，放在事先撒上手粉的平檯，將麵糰分成2等分後，各自揉成直徑3至4cm的長條形，以保鮮膜包好，再次送入冰箱冷藏，靜置2小時以上。烤箱以170℃預熱。
5 把長條形麵糰切成每片7至8mm厚的片狀，間隔排列於烤盤上，以170℃烤箱烤15分鐘。

手工製作方法
1 鋼盆內放入在室溫下軟化的奶油，以打蛋器攪拌成柔軟乳霜狀，再加入細砂糖和鹽，持續攪拌至柔軟蓬鬆為止。
2 在步驟1裡加入鮮奶油後拌攪均勻，再加入事先過篩的低筋麵粉、榛果粉、磨成細末的紅茶葉（如果使用茶包，將茶包內的茶葉直接倒入即可），以矽膠刮刀俐落地攪拌至粉末消失且完全混合為止。
3 將攪拌好的麵糰揉整為一塊後，放入冰箱冷藏。接下來的作法請參考上述食物調理機版的步驟3。

堅果粉類材料當中，
最常用的就是杏仁粉了。
若是把杏仁粉換成榛果粉，
即使作法相同，
出現的口味變化也十分有趣。
榛果就是榛樹的果實，形狀為圓球形，
外皮是一層紅褐色的薄皮，
大小約為1.5cm左右。

檸檬酥餅

雖然名稱叫作檸檬酥餅，卻不是檸檬口味，而是只飄著檸檬香味的酥餅。不知不覺中，檸檬的味道也似有若無地吃進了嘴裡。人類的感官，真是不可思議啊！

香氣或滋味，存在於眼睛看不見的記憶之中，深刻烙印在心裡，進而勾起回憶的程度經常令我們感到吃驚。無論是很久以前曾經在哪裡嚐過的某種滋味，或是青澀少年時期，心儀的人身上的香氣，不管經過了幾年或幾十年前，在某個奇妙的時間點，一旦和相同的滋味或香味重逢了，那段回憶也會跟著湧上心頭，就像源源不絕的泉水一般，把我們帶回那段時光裡。

材料（直徑3cm大小約50片）
低筋麵粉　125g
無鹽奶油　100g
糖粉　35g
蛋黃　1個
檸檬皮刨絲　1顆
鹽　1小撮
沾裹周圍用的細砂糖　適量
手粉（擀麵糰用，最好是高筋麵粉）　適量

前置準備
+ 奶油切成邊長1.5cm，置於冰箱冷藏。
+ 烤盤內鋪上烘焙紙。

作法
1. 在食物調理機內放入低筋麵粉、糖粉、鹽，啟動機器將所有粉類攪拌均勻。
2. 在步驟1裡加入奶油，反覆操作機器的開關鍵，直至粉類和奶油混合均勻後，加入蛋黃和檸檬皮，再次反覆操作機器的開關鍵，待全部材料攪拌揉合成一個完整的麵糰後，從機器內取出。
3. 把麵糰壓平後放入塑膠袋內，或以保鮮膜包好，放入冰箱冷藏1小時以上。
4. 從冰箱取出麵糰後，放在事先撒上手粉的平檯，將麵糰分成2等分後，各自揉成直徑2.5至3cm的長條形，以保鮮膜包好，再次送入冰箱冷藏，靜置2小時以上。
5. 烤箱以170℃預熱。在淺盤內撒上細砂糖，將步驟4的麵糰放入淺盤內滾動，使其均勻沾裹糖粉。把長條形麵糰切成每片7至8mm厚的片狀，間隔排列於烤盤上，以170℃烤箱烤15分鐘。

手工製作方法
1. 鋼盆內放入在室溫下軟化的奶油，以打蛋器攪拌成柔軟乳霜狀，再加入糖粉和鹽，持續攪拌至顏色變淡、柔軟蓬鬆為止。
2. 在步驟1裡加入蛋黃，攪拌均勻，再加入事先過篩的低筋麵粉和檸檬皮，以矽膠刮刀俐落地攪拌至粉末消失且完全混合為止。
3. 將攪拌好的麵糰揉整為一塊後，放入冰箱冷藏。接下來的作法請參考上述食物調理機版的步驟3。

刨絲的檸檬皮，
不要刨到內層的白色部分，
會帶有苦味。
只要刨最外層的黃色部分即可。
請選用無果蠟的檸檬，
仔細清洗後再使用。

巧克力杏仁餅乾

在決定搬入現在住的這個家時，我心想一定要好好利用這次機會，把自己喜歡的物品放在想要的位置，展開全新的舒適生活！可惜生活並非只有理想和美麗的畫面，搬家完到現在已經過了好幾年，現狀就是我仍然在雜物的環繞之下過日子。為了居住環境的便利，在選擇生活用品時多少需要妥協，但是自己隨身常備的小物品，會盡可能地統統帶在身邊，例如不離身的記事本和筆記用品，就是我的心情必需品，一定隨時放在包包裡。

至於這款餅乾，雖然也是以食物調理機攪拌所有材料，但是為了保留杏仁和巧克力的形狀，不要攪得太細或是攪拌過頭哦！

材料（直徑3cm大小約55片）
低筋麵粉　130g
榛果粉　20g*
無鹽奶油　100g
糖粉　40g
鹽　1小撮
杏仁顆粒　50g
烘焙用巧克力（半糖）　40g
手粉（擀麵糰用，最好是高筋麵粉）　適量
*以杏仁粉代替亦可。

前置準備
+ 奶油切成邊長1.5cm，置於冰箱冷藏。
+ 巧克力分成2.5cm大小的塊狀，置於冰箱冷藏。
+ 烤盤內鋪上烘焙紙。

作法
1. 在食物調理機內放入低筋麵粉、榛果粉、糖粉、鹽，啟動機器將所有粉類攪拌均勻。
2. 在步驟1裡加入奶油，反覆操作機器的開關鍵，直至粉類和奶油混合均勻後，加入杏仁顆粒和巧克力碎片，再次反覆操作機器的開關鍵，待全部材料攪拌揉合成一個完整的麵糰後，從機器內取出（如果攪拌過久，巧克力和杏仁的形狀就會消失，所以請注意觀察麵糰，及時取出）。
3. 把麵糰放入塑膠袋內，從上方以雙手向下略微壓平，放入冰箱冷藏1小時以上。
4. 從冰箱取出麵糰後，放在事先撒上手粉的平檯，將麵糰分成2等分，各自揉成直徑2.5至3cm的長條形，以保鮮膜包好，再次送入冰箱冷藏，靜置2小時以上。
5. 烤箱以170℃預熱。把長條形麵糰切成每片7至8mm厚的片狀，間隔排列於烤盤上，以170℃烤箱烤15分鐘。

手工製作方法
1. 鋼盆內放入在室溫下軟化的奶油，以打蛋器攪拌成柔軟乳霜狀，再加入糖粉和鹽，持續攪拌至顏色變淡且柔軟蓬鬆為止。
2. 在步驟1裡加入事先過篩的低筋麵粉和榛果粉，以矽膠刮刀俐落地攪拌至剩下些許粉末的狀態，加入杏仁顆粒和巧克力碎片，繼續攪拌至粉末消失且完全混合為止。
3. 將攪拌好的麵糰揉整為一塊後，放入冰箱冷藏。接下來的作法請參考上述食物調理機版的步驟3。

肉桂方塊酥

我不使用餅乾模型，但喜歡嘗試作出各種不同形狀。例如圓滾滾的形狀；亦或把分成小塊的圓形麵糰以手壓平再烤；或者將麵糰揉成長條狀後切開，接著作成圓形、三角形，有時還會作成心形；也可以把麵糰壓成偏厚的麵餅，切成細長條形，烤成像棒狀餅乾一樣，不用切，直接以手掰碎來吃也很有趣。同樣的麵糰可以作出許多不同的模樣來，這是我在烤餅乾的過程裡所發掘到，專屬於餅乾才有的變化樂趣。

最近我愛上這種方塊形，幾乎不拿尺量大小，光憑視覺來判斷「差不多是這個大小吧？」就下刀切了。有點歪斜的餅乾邊緣，正是手工餅乾獨有的特色不是嗎？大的方塊、小的方塊，該怎麼切全視當天的心情而定，而最常作的應該就是這個肉桂方塊酥的大小了。

材料（約2.5cm×2.5cm36個）
低筋麵粉　150g
杏仁粉　25g
肉桂粉　½大匙
泡打粉　⅛小匙
無鹽奶油　90g
糖粉　35g
牛奶　½大匙
鹽　1小撮

前置準備
+奶油切成邊長1.5cm，置於冰箱冷藏。
+烤盤內鋪上烘焙紙。

作法
1 在食物調理機內放入低筋麵粉、杏仁粉、肉桂粉、泡打粉、糖粉、鹽，啟動機器將所有粉類攪拌均勻。
2 在步驟1裡加入奶油，反覆操作機器的開關鍵，直至粉類和奶油混合均勻後，加入牛奶，再次反覆操作機器的開關鍵，待全部材料攪拌揉合成一個完整的麵糰後，從機器內取出。
3 把麵糰放入塑膠袋內，以擀麵棍擀成15×15cm大小，放入冰箱冷藏2小時以上。
4 烤箱以170℃預熱。將步驟3的麵糰上下左右切成6等分，間隔排列於烤盤上，以170℃烤箱烤15至20分鐘。

手工製作方法
1 鋼盆內放入在室溫下軟化的奶油，以打蛋器攪拌成柔軟乳霜狀，再加入糖粉和鹽，持續攪拌至顏色變淡、柔軟蓬鬆為止。
2 在步驟1裡倒入牛奶後拌勻，加入事先過篩的低筋麵粉、杏仁粉、肉桂粉、泡打粉，以矽膠刮刀俐落地攪拌直至粉末消失且完全混合為止。
3 將攪拌好的麵糰揉整為一塊後，放入冰箱冷藏。接下來的作法請參考上述食物調理機版的步驟3。

麵糰放入塑膠袋內，
以擀麵棍從上方擀平後，放入冰箱冷藏，
作法十分簡便。
如果想讓烤好的餅乾邊緣較整齊，
在分切之前，
可以先把麵糰的四邊切平。

紅茶方塊酥

高蛋白、低脂、低熱量就是脫脂奶粉的三大優點。不過我設計的餅乾食譜，並非因為健康的理由才刻意加入脫脂奶粉，而是因為買了一袋脫脂奶粉卻老是用不完，最後只好拿來烤餅乾……這才是這款餅乾真正誕生的緣由。雖然我明白最近自己作的點心已經夠多了，但是已經開封的食材，總想早點用完，只好拿來作甜點、麵包，當然也會加在料理中，這裡加一匙，那裡加二匙，希望能快點用完。

至於食譜配方，為了方便攪拌所以加了牛奶，但是不放也可以哦！如果不加牛奶，烤出來的餅乾口感會比加了牛奶的版本更酥鬆一些。如果把脫脂奶粉換成杏仁粉，又是另一番不同的滋味。

材料（約2.5cm×2.5cm36個）
低筋麵粉　150g
脫脂奶粉　20g
泡打粉　1/8小匙
無鹽奶油　90g
糖粉　35g
牛奶　1/2大匙
鹽　1小撮
紅茶葉　4g（紅茶包2包）

前置準備
+ 奶油切成邊長1.5cm，置於冰箱冷藏。
+ 紅茶葉磨成細末（若是茶包則直接使用）。
+ 烤盤內鋪上烘焙紙。

作法
1. 在食物調理機內放入低筋麵粉、脫脂奶粉、泡打粉、糖粉、鹽、紅茶葉，啟動機器將所有粉類攪拌均勻。
2. 在步驟1裡加入奶油，反覆操作機器的開關鍵，直至粉類和奶油混合均勻後，加入牛奶，再次反覆操作機器的開關鍵，待全部材料攪拌揉合成一個完整的麵糰後，從機器內取出。
3. 把麵糰放入塑膠袋內，以擀麵棍擀成15×15cm大小，放入冰箱冷藏2小時以上。
4. 烤箱以170℃預熱。將步驟3的麵糰上下左右切成6等分，間隔排列於烤盤上，以170℃烤箱烤15至20分鐘。

手工製作方法
1. 鋼盆內放入在室溫下軟化的奶油，以打蛋器攪拌成柔軟乳霜狀，再加入糖粉和鹽，持續攪拌至顏色變淡、柔軟蓬鬆為止。
2. 在步驟1裡倒入牛奶後拌勻，加入事先過篩的低筋麵粉、低脂奶粉、泡打粉、紅茶葉，以矽膠刮刀俐落地攪拌直至粉末消失且完全混合為止。
3. 將攪拌好的麵糰揉整為一塊後，放入冰箱冷藏。接下來的作法請參考上述食物調理機版的步驟3。

據說把脫脂奶粉拌入優格裡
一起食用有減肥效果，
導致我慣用的Skim Milk脫脂奶粉
一度大缺貨呢！
如今那股風潮暫歇，到處都能買到了。
至於我最愛使用的紅茶，
為「TWININGS」的伯爵紅茶茶包。

奶油酥餅

酥脆爽口，即使容易碎開也一樣好吃的奶油酥餅，是來自英國的家庭點心。在下午茶時間，以茶壺現泡的暖呼呼紅茶、加入鮮奶融合成奶茶後，最適合搭配奶油酥餅一起享用。餅乾獨特的沙沙口感，如果沒有配上紅茶或咖啡會有點不太好入口，但或許正因如此，反而更能凸顯飲品搭配酥餅的好滋味。

品嚐紅茶時，觀察紅茶的色澤也是重要的一環，要選用深度較淺的白色茶杯才是品茶的王道。為了讓茶香能徹底飄散，杯面直徑較寬的杯子會較適合；唇部接觸到的杯緣也要薄而細緻，能讓紅茶變得更好喝。這是我以前在紅茶教室所學來的知識，在這裡借花獻佛一下囉！

喝紅茶適合用杯緣薄的杯子這件事，我實際上比較了一下，果真是這樣沒錯。但是我自己每天喝茶時，最常使用的卻是馬克杯。就算稍微粗心地對待它，馬克杯也依然勇健耐用，不用搭配茶托就自然散發出一種隨興風格，馬克杯萬歲！

材料（4×2cm大小約30個）
低筋麵粉　120g
玉米粉（Cornstarch）　20g
無鹽奶油　100g
細砂糖　35g
鹽　1小撮

前置準備
+ 奶油切成邊長1.5cm，置於冰箱冷藏。
+ 烤盤內鋪上烘焙紙。
+ 烤箱以170℃預熱。

作法
1 在食物調理機內放入低筋麵粉、玉米粉、細砂糖、鹽，啟動機器將所有粉類攪拌均勻。
2 在步驟1裡加入奶油，反覆操作機器的開關鍵，待全部材料攪拌揉合成一個完整的麵糰後，從機器內取出。
3 把麵糰放在烤盤上，以擀麵棍或手壓成厚度約1cm的四方形。以刀子在麵糰上輕劃出喜歡的形狀切痕，再以竹籤或叉子分別戳出小洞。
4 以170℃的烤箱烤15至20分鐘。出爐後趁熱以刀子沿著切痕把餅乾切開，置於烤盤上放涼即可。

手工製作方法
1 鋼盆內放入事先過篩的低筋麵粉、玉米粉、細砂糖、鹽，以打蛋器攪拌至混合均勻為止。
2 在步驟1加入從冰箱取出的奶油，以刮板（參考p.56）等工具切開奶油，同時和其他材料拌勻。混合均勻後，以雙手搓揉鋼盆內的材料，直至變成細緻的顆粒狀。
3 將攪拌好的麵糰揉整為一塊後，放入塑膠袋或以保鮮膜包好，放入冰箱冷藏1小時以上。接下來的作法請參考上述食物調理機版的步驟3。

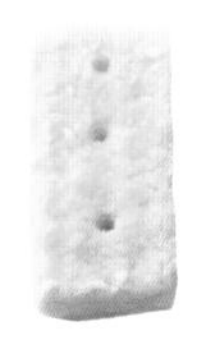

這是美國的古董收藏馬克杯，
材質是牛奶玻璃（Milk Glass，
又稱硼玻璃），有著半透明的美感。
杯身的圖案選擇眾多，
可愛到讓我不知如何選擇，
最後挑了印有小花圖案的款式。
馬克杯是我盡力克制自己不能失守的物品，
但只要一遇見便宜又印有可愛圖樣的馬克杯，
我的決心也就隨之崩盤，一去不復返啊！

把麵糰擀成邊長約16cm的四方形，
再用刀子輕劃出適合
自己入口的單片大小。
我偏好的尺寸是4 X 2cm左右。
餅乾上的洞就以竹籤或叉子隨興戳出。
另一種常見的奶油酥餅形狀，
則是以圓形的塔派模型製作，
烤好後切成放射狀。

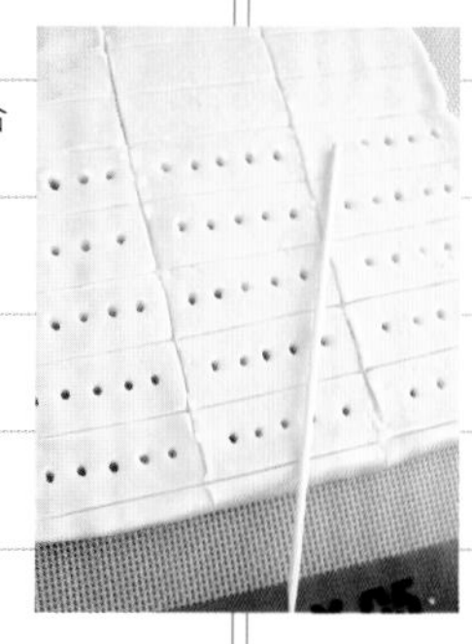

黑芝麻起司餅乾

這是一款幾乎不甜且像開胃菜一般的餅乾。芝麻和起司，雖然兩者的風味都很強烈，但是組合在一起似乎挺搭的！我一邊突發奇想，一邊鼓起勇氣試著作作看……但是在製作麵糰的過程中，居然飄散著一股奇怪的味道。

那氣味與其說是「香味」，還不如說是股「味道」更貼切。我一邊把麵糰揉成長條狀，一邊沮喪地想：「看來這次要失敗了！」一度猶豫究竟該不該烤它，畢竟這是我別出心裁的口味組合啊！如果就這麼扔掉似乎有點於心不忍，總之先烤了再說吧！沒想到烤箱裡居然漸漸飄出濃濃的香氣，當餅乾終於出爐時，我臉上的愁眉苦臉已經恢復成笑容了。

差點就面臨腰斬命運的黑芝麻起司餅乾，現在是我的「低糖甜點系列」中的固定班底，正大大地嶄露頭角呢！

材料（約50片）
低筋麵粉　120g
無鹽奶油　60g
細砂糖　25g
鮮奶油　2大匙
起司粉　50g
炒熟黑芝麻　20g
鹽　1小撮
手粉（擀麵糰用，最好是高筋麵粉）　適量

前置準備
+ 奶油切成邊長1.5cm，置於冰箱冷藏。
+ 烤盤內鋪上烘焙紙。

作法
1 在食物調理機內放入低筋麵粉、細砂糖、起司粉、鹽，啟動機器將所有粉類攪拌均勻。
2 在步驟1裡加入奶油，反覆操作機器的開關鍵，直至粉類和奶油混合均勻後，加入鮮奶油和黑芝麻，再次反覆操作機器的開關鍵，待全部材料攪拌揉合成一個完整的麵糰後，從機器內取出。
3 將麵糰對分成2分，在事先撒好手粉的平檯，分別將2分麵糰揉成2.5至3cm邊長的四角柱狀（如果麵糰太軟不易成型，可以先放入冰箱冷藏一段時間，直至麵糰硬度適中即可）。接著以保鮮膜包起，放入冰箱冷藏2小時以上。烤箱以180℃預熱。
4 把麵糰切成每片7至8mm厚的片狀，間隔排列於烤盤上，以180℃烤箱烤12分鐘。

手工製作方法
1 鋼盆內放入在室溫下軟化的奶油，以打蛋器攪拌成柔軟乳霜狀，再加入細砂糖和鹽，持續攪拌至顏色變淡且柔軟蓬鬆為止。
2 在步驟1裡加入鮮奶油後拌勻，再加入事先過篩的低筋麵粉、起司粉、黑芝麻，以矽膠刮刀俐落地攪拌均勻，直至粉末消失且完全混合為止（這裡因為沒有使用食物調理機，所以會保留黑芝麻的顆粒。可視喜好將一半分量的黑芝麻磨碎後使用）。
3 將攪拌好的麵糰揉整為一塊後，放入冰箱冷藏。接下來的作法請參考上述食物調理機版的步驟3。

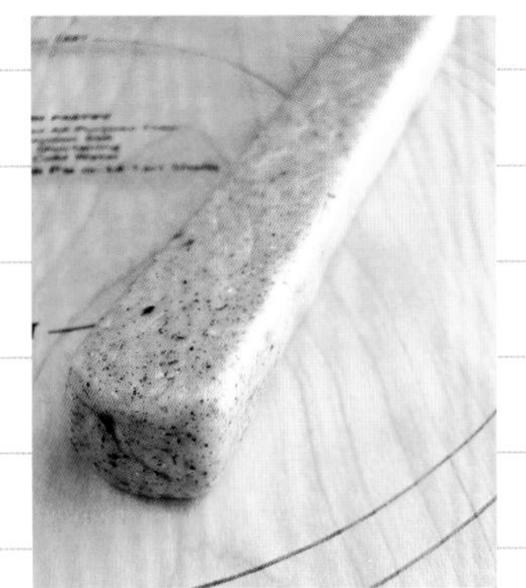

大部分的餅乾都是揉成長條狀後，
再切開烘烤。
偶爾想作些變化時，
我也會揉成像圖片裡的四角柱狀。
先把麵糰大致揉成四角形後，
包上一層保鮮膜，
然後四邊輪流仔細地用手壓平，
一邊轉動一邊揉整。
也可以利用尺規幫助成型。

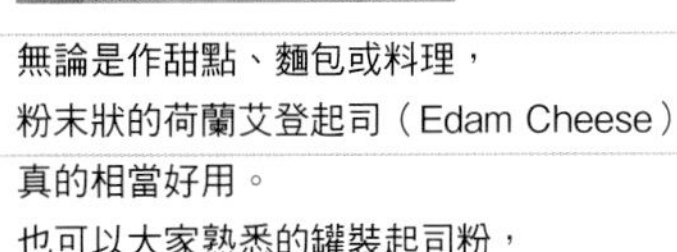

無論是作甜點、麵包或料理，
粉末狀的荷蘭艾登起司（Edam Cheese）
真的相當好用。
也可以大家熟悉的罐裝起司粉，
或把帕馬森、切達起司
直接磨成粉使用。

黑胡椒起司餅乾

這是「黑芝麻起司餅乾」的姊妹作品。當我想混合幾種不同口味的餅乾當作贈禮，在口味香甜的餅乾中想加入一款不同的味道時，試著作出來的成果。本來打算要讓它變成一枝獨秀的配角，沒想到居然意外地受到歡迎，現在似乎有變身成為主角的趨勢呢！帶著辣味的黑胡椒給人成熟的口感，這款餅乾除了當成零嘴點心之外，作為紅酒或啤酒的下酒配菜也很棒哦！

如果不喜歡胡椒的辣味或要作給小朋友吃可直接把胡椒去除，就是一款好吃的起司餅乾了。也可以加入少量和起司調性相符的香料，輕鬆就能搭配出幾種不同口味的餅乾來。

我覺得砂糖的份量如果30g太甜，20g又不夠，所以25g的砂糖對我來說是最剛好的。不過，好不好吃得由烤餅乾和品嚐的人來決定，大家可以根據自己的喜好調配最適合的比例哦！

材料（約50片）
低筋麵粉　120g
無鹽奶油　60g
細砂糖　25g
鮮奶油　2大匙
起司粉　50g
研磨黑胡椒顆粒　1小匙
鹽　1小撮
手粉（擀麵糰用，最好是高筋麵粉）　適量

前置準備
+ 奶油切成邊長1.5cm，置於冰箱冷藏。
+ 烤盤內鋪上烘焙紙。

作法
1 在食物調理機內放入低筋麵粉、細砂糖、起司粉、鹽，啟動機器將所有粉類攪拌均勻。
2 在步驟1裡加入奶油，反覆操作機器的開關鍵，直至粉類和奶油混合均勻後，加入鮮奶油和黑胡椒，再次反覆操作機器的開關鍵，待全部材料攪拌揉合成一個完整的麵糰後，從機器內取出。
3 將麵糰對切分成2等分，在事先撒好手粉的平檯，分別將2份麵糰揉成直徑2.5至3cm的長條圓棒狀（如果麵糰太軟不易成型，可以先放入冰箱冷藏一段時間，直至麵糰硬度適中即可）。接著以保鮮膜包起，放入冰箱冷藏2小時以上。烤箱以180℃預熱。
4 把麵糰切成每片7至8mm厚的片狀，間隔排列於烤盤上，以180℃烤箱烤12分鐘。

手工製作方法
1 鋼盆內放入在室溫下軟化的奶油，以打蛋器攪拌成柔軟乳霜狀，再加入細砂糖和鹽，持續攪拌至顏色變淡、柔軟蓬鬆為止。
2 在步驟1裡加入鮮奶油後拌勻，再加入事先過篩的低筋麵粉、起司粉、黑胡椒，以矽膠刮刀俐落地攪拌均勻，直至粉末消失且完全混合為止。
3 將攪拌好的麵糰揉整為一塊後，放入冰箱冷藏。接下來的作法請參考上述食物調理機版的步驟3。

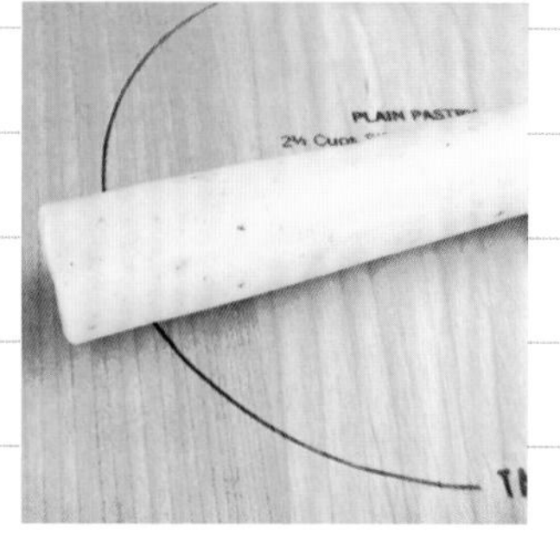

把麵糰揉成長條柱狀，
我最喜歡這種圓形柱狀了。
只要前後來回滾動就可以成型，非常簡單。
我會把直徑作得偏小，
然後切得厚一點。
大部分的餅乾都是這樣製作完成的。

比起購買現成磨好的黑胡椒顆粒，
我比較喜歡要用時再現磨的黑胡椒，
香氣完全不同。
因為我很喜歡香辛料，
所以總是在不知不覺中用得太多，
關於這點經常對自己耳提面命，
就算再怎麼喜歡也不可以放太多！
可是回過神來，
怎麼又在磨胡椒了啊……

4種香料起司餅乾

黑胡椒、柚子胡椒、黑七味粉、顆粒芥末，是我作料理時的必備調味品。只需1小撮或1小匙，即可決定食物的口味、提味或是改變風味。黑七味粉是由紅辣椒（唐辛子）、山椒、白芝麻、黑芝麻、罌粟籽、火麻仁、海苔這七種材料研磨混合而成，我使用的是來自京都祇園「原了郭」的產品。經由媒體大幅報導，相信大家對它應該不陌生。我最喜歡撒在烏龍麵或炊飯上，也可以再擠上一些美乃滋，美味滿點。

柚子胡椒是混合了青柚、青辣椒和鹽的香辛料，應該是每個人家中不可或缺的一份子吧！我希望有一天也能動手自己作作看。顆粒芥末則會搭配香腸一起入口，冬天則添加於白酒的奶油白醬中，加點芥末一起熬煮，作些簡單輕爽的燉物。再來就是黑胡椒。由於我太喜歡黑胡椒，所以不管煮洋食或和食，都像失去控制般，經常加入大量的黑胡椒，沒有什麼比現磨黑胡椒的香味更棒了，所以我都是要用時再現磨，比起辣味，我更重視香氣。

這款起司餅乾有原味＋3種變化，總共4種口味。由於麵糰很容易揉整，所以4款各自作成不同的形狀。不管你是甜點新手或是想找尋口味配方上的靈感，希望這款食譜都能幫上忙。

黑胡椒口味

材料（直徑3cm大小約30至35片）

低筋麵粉　60g
無鹽奶油　30g
起司粉　25g
細砂糖　1大匙
鮮奶油　1大匙
研磨黑胡椒　½小匙
鹽　1小撮
手粉（擀麵糰用，最好是高筋麵粉）　適量

前置準備

+ 奶油切成邊長1.5cm，置於冰箱冷藏。
+ 烤盤內鋪上烘焙紙。

作法

1. 在食物調理機內放入低筋麵粉、起司粉、細砂糖、鹽，啟動機器3秒，將所有粉類快速攪拌均勻。加入奶油，反覆操作機器的開關鍵，直至粉類和奶油混合均勻後，加入鮮奶油和黑胡椒，再次反覆操作機器的開關鍵，待全部材料攪拌揉合成一個完整的麵糰後，從機器內取出。
2. 在事先撒好手粉的平檯，將麵糰揉成直徑2.5至3cm的長條圓柱狀（若是麵糰太軟不易成型，可以先放入冰箱冷藏一段時間，直至麵糰硬度適中即可）。接著以保鮮膜包起麵糰，放入冰箱冷藏2小時以上。
3. 烤箱以180℃預熱。把麵糰切成每片7至8mm厚的片狀，間隔排列於烤盤上，以180℃烤箱烤12分鐘。

手工製作方法

1. 鋼盆內放入在室溫下軟化的奶油，以打蛋器攪拌成柔軟乳霜狀，再加入細砂糖和鹽，持續攪拌至顏色變淡且柔軟蓬鬆為止。
2. 在步驟1裡加入鮮奶油後拌勻，再加入事先過篩的低筋麵粉、起司粉、黑胡椒，以矽膠刮刀俐落地攪拌均勻，直至粉末消失且完全混合為止。
3. 將攪拌好的麵糰揉整為一塊後，放入冰箱冷藏。接下來的作法請參考上述食物調理機版的步驟2。

柚子胡椒口味

材料（邊長2.5cm大小約30至35片）

低筋麵粉　70g
無鹽奶油　30g
起司粉　15g
細砂糖　½大匙
鮮奶油　1大匙
柚子胡椒　½大匙
鹽　1小撮
手粉（擀麵糰用，最好是高筋麵粉）　適量

作法

和「黑胡椒口味」相同。在步驟1裡，把黑胡椒替換成柚子胡椒。麵糰揉整為邊長2.5cm的四角形長柱狀，置於冰箱冷藏2小時以上，再切成每片7至8mm厚的片狀後送入烤箱烘烤。

黑七味口味

材料（長度12cm約30至35根）

低筋麵粉　60g
無鹽奶油　30g
起司粉　25g
細砂糖　1大匙
鮮奶油　1大匙
黑七味粉　⅓小匙
鹽　1小撮
手粉（擀麵糰用，最好是高筋麵粉）　適量

作法

和「黑胡椒口味」相同。在步驟1裡，把黑胡椒替換成黑七味粉。把麵糰放入塑膠袋中，擀平成長12cm×寬18cm的大小後，置於冰箱冷藏2小時以上，取出後成每根5mm寬度後送入烤箱烘烤。

顆粒芥末口味

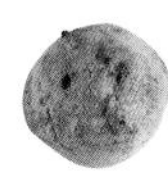

材料（直徑2.5cm大小約20至25個份）

低筋麵粉　65g
無鹽奶油　30g
起司粉　20g
細砂糖　½大匙
鮮奶油　½大匙
顆粒芥末　1大匙
鹽　1小撮

作法

和「黑胡椒口味」相同。在步驟1裡，把黑胡椒替換成顆粒芥末。麵糰不用冷藏，直接揉成每顆直徑約2至2.5cm大小的丸子狀後，送入烤箱（如果麵糰太軟不好揉，就放入冰箱冷藏一段時間）。

我沒有特別鍾愛的黑胡椒品牌，每種都會試試看。法國馬利（MAILLE）的顆粒芥末醬是我家的必備調味品。這類的香辛料只需要少許一點點，就能扭轉料理的滋味，真的很有趣。

我很喜歡「原了郭」的黑七味粉。以前曾經收過別人贈送的手作柚子胡椒，因為滋味實在太迷人，留下了深刻的印象。

奶油乳酪罌粟籽餅乾

飄著淡淡的奶油乳酪和檸檬的香氣，口感不是脆脆的也不是酥酥的，而是一種柔軟卻有彈性的餅乾，以擠花袋擠出麵糰後烘烤。雖然使用了擠花袋，但我其實很不擅長「擠」這個動作。我家的餅乾幾乎不走精緻路線，帶點手工感覺的點心比較可愛呀！即使在作蛋糕的裝飾時，頂多也只使用奶油抹刀和湯匙或叉子。

一般食譜中都會提及必需「擠」出來才能製作的餅乾，我都會在可能的範圍內利用湯匙作為輔助工具。這實在不是件光采的事，不過我是這麼作的。所以手邊並沒有正式的擠花袋，只有在情人節或聖誕節買鮮奶油特別組合時所附贈的簡易擠花袋。因為買鮮奶油時就會附贈，我都會保留下來，所以手邊不少贈品擠花袋。雖然不能說使用非常順手，但因為是拋棄式的，用完即丟，所以能保持衛生，偶爾才派上用場時，這個就很足夠了。只是附贈的花嘴品質不太好，所以特別去買了一個不鏽鋼材質的花嘴。順帶一提，這次的作品其實是用附贈的花嘴擠出來的，餅乾邊緣果真不太整齊吧……

材料（50個）
低筋麵粉　120g
杏仁粉　40g
無鹽奶油　100g
奶油乳酪　60g
細砂糖　55g
蛋黃　1個
罌粟籽　1大匙
檸檬汁　½大匙
鹽　1小撮

前置準備
+ 奶油和奶油乳酪放在室溫下軟化。
+ 烤盤內鋪上烘焙紙。
+ 低筋麵粉和杏仁粉混合後過篩。
+ 烤箱以170℃預熱。

作法
1. 鋼盆內放入在室溫下軟化的奶油和奶油乳酪，以打蛋器攪拌成柔滑乳霜狀，再加入細砂糖和鹽，持續攪拌至顏色變淡且柔軟蓬鬆為止。加入蛋黃和檸檬汁，混合均勻。
2. 在步驟1裡加入粉類和罌粟籽，以矽膠刮刀俐落地攪拌均勻，直至粉末消失且完全混合為止。
3. 把步驟2的填入裝有星形花嘴的擠花袋內，在烤盤上分別擠出直徑約4cm的圓圈狀，以170℃烤箱烤15鐘左右。

與起司或檸檬奶油蛋糕非常對味的罌粟籽，
英文名稱是Poppy seed。
特別適合搭配帶有酸味的食材，
所以思考用罌粟籽搭配什麼食材也相當有趣。
麵包店的紅豆麵包上，
也會撒上幾顆小小的罌粟籽，
總是令我會心一笑。

有時作為鮮奶油的贈品
而出現在包裝上的擠花袋組合。
尤其在聖誕節前夕更是能經常看見。
對我這個偶爾才用一次擠花袋的人來說，
已經很足夠了。
話雖這麼說，
不過我那一絲不苟
（缺點是三分鐘熱度）的個性，
不經意地被自己擠出來的餅乾給喚醒了，
我想，說不定還是會去
添購一組正式的擠花工具吧！

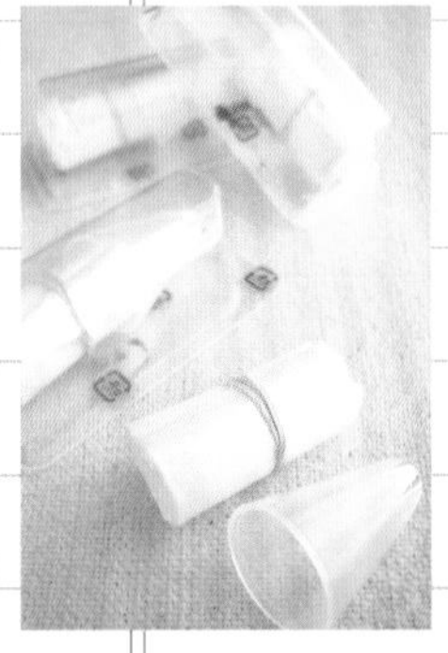

芝麻瓦片餅乾

這款餅乾的法文原名為Tuile，意思指屋瓦。原本是一款烤完後呈現薄脆彎曲如瓦片狀的時髦點心，不過我的原則是「只想品嚐它的薄脆口感，不用特地烤出漂亮的形狀也沒關係」，所以餅乾出爐後讓它平放冷卻，自然成了這款扁平的模樣。

分別烤出白芝麻和黑芝麻兩種不同口味，這是因為，只有白芝麻的版本看起來有點平淡，而只有黑芝麻的版本又顯得不夠清爽。為了外形能更討喜，最後將兩種芝麻各混合一半。至於份量，只要黑白比例看起來協調即可。提供香醇口感的鮮奶油，如果沒有，不加也沒關係。蛋白也不需要特別打發，只要打散後攪拌均勻，口感一樣很酥脆。

材料（20片）
低筋麵粉　30g
無鹽奶油　30g
細砂糖　40g
蛋白　1個份
鮮奶油　1大匙
炒熟白芝麻 30g
炒熟黑芝麻 30g

前置準備
+ 烤盤內鋪上烘焙紙。
+ 低筋麵粉先過篩。
+ 烤箱以170℃預熱。

作法
1. 取一個小鋼盆，放入奶油，鋼盆底部接觸水溫約60℃的熱水，隔水加熱融化奶油。或利用微波爐加熱融化也可以。
2. 另取一鋼盆，放入蛋白，打散的同時慢慢地少量加入細砂糖，持續攪拌起泡直至質地變得濃稠為止。此時加入步驟1的奶油和鮮奶油，以畫圓的方式攪拌均勻。
3. 在步驟2裡加入過篩的粉類，以打蛋器攪拌直至柔滑有光澤，加入芝麻，整體拌勻。
4. 舀滿一湯匙步驟3的麵糰，在烤盤上間隔排列後，以叉子沾水，把一球一球的麵糰壓平為直徑約5cm的圓形。送入170℃烤箱烤約10分鐘，出爐後趁熱以抹刀從烤盤上取出，靜置冷卻。

想把瓦片餅乾作出彎曲形狀，就要趁剛出爐還有熱度時快速搞定。一旦涼了後餅乾就會變硬，到時候就無法塑型了。
趁熱時用抹刀鏟起餅乾，輕放於擀麵棍上。
過程中小心別燙傷喔！

材料（20片）
低筋麵粉　30g
無鹽奶油　30g
細砂糖　40g
蛋白　1個份
鮮奶油　1大匙
杏仁薄片　60g

前置準備
+ 杏仁薄片先以150℃至160℃烤箱烤約5分鐘。
+ 烤盤內鋪上烘焙紙。
+ 低筋麵粉先過篩。
+ 烤箱以170℃預熱。

作法
1. 取一個小鋼盆，放入奶油，鋼盆底部接觸水溫約60℃的熱水，隔水加熱融化奶油。或是利用微波爐加熱融化也可以。
2. 另取一鋼盆，放入蛋白，打散的同時慢慢地少量加入細砂糖，持續攪拌起泡直至質地變得濃稠為止。此時加入步驟1的的奶油和鮮奶油，以畫圓的方式攪拌均勻。
3. 在步驟2裡加入過篩的粉類，然後以打蛋器攪拌直至柔滑有光澤，加入杏仁片，再以矽膠刮刀整體拌勻。
4. 舀滿一湯匙步驟3的麵糰，在烤盤上間隔排列後，以叉子沾水，把一球一球的麵糰壓平為直徑約5cm的圓形。送入170℃烤箱烤約10分鐘，出爐後趁熱以抹刀從烤盤上取出，靜置冷卻。

我們家的瓦片餅乾，就算不是符合那種非常薄脆的嚴格標準，也覺得很好吃。如果您在試過各種不同的厚度之後，還是覺得「瓦片餅乾就是要薄才好吃！」，那只好請您繼續為嚴格的標準把關了吧！

杏仁瓦片餅乾

除了適合搭配紅茶、咖啡之外，酥脆的瓦片餅乾與其他冰涼的點心一起享用也很適合。它和冰淇淋、慕絲、芭芭羅瓦都很對味，在這些甜點上加上幾片瓦片餅乾，非常受到來訪客人的歡迎，我自己也很喜歡。

把一球球橢圓形的麵糰壓平後烘烤，沾著發泡鮮奶油或是卡士達醬一起入口，或是兩片餅乾中間夾著鮮奶油等吃法，都很不錯。

加了檸檬或柳橙皮絲，增添香氣後，又變身成另一種帶有果香氣息的杏仁瓦片，或拌入香草籽，則變成視覺和味覺上雙重享受的香草杏仁瓦片。熱可可和它也是另一種絕配，是在寒冷季節裡任誰都無法抗拒的組合。混了柚子香的瓦片餅乾和煎茶一起享用，應該會創造出另一種美好的意外驚喜吧！

巧克力餅乾

因為我個人喜好，所以經常製作口感爽脆的餅乾，不過這款巧克力餅乾是屬於帶有嚼勁的。在這個食譜裡我會介紹融化巧克力的方法，如果操作的是食物調理機，就不需要特別融化巧克力，也不必切碎，一樣可以進行。

在混合粉類的時候，同時把巧克力摺成數小塊一起加入，啟動食物調理機，巧克力一下子就變成粉狀了。之後再加入奶油和牛奶，以機器拌勻，直至粉末消失，所有材料變成如顆粒般的鬆散狀。接著裝入塑膠袋內，全部整合成一大塊後就行了。

我覺得以模型作餅乾有點麻煩，所以一年頂多作個幾次而已，但是看見以模型壓出的可愛餅乾烤好出爐，心裡還是很開心呢！

材料（直徑5.5cm的花形模型約25片）
烘焙用巧克力（半糖）　60g
牛奶　1大匙
低筋麵粉　150g
無鹽奶油　60g
細砂糖　40g
鹽　1小撮
手粉（擀麵糰用，最好是高筋麵粉）　適量

前置準備
+ 奶油切成邊長1.5cm，置於冰箱冷藏。
+ 烤盤內鋪上烘焙紙。
+ 巧克力切成細碎小塊。

作法
1. 取一個小鋼盆，放入巧克力和牛奶，鋼盆底部接觸水溫約60℃的熱水，隔水加熱融化，或以微波爐加熱融化。完成後冷卻即可。
2. 在食物調理機內放入低筋麵粉、細砂糖、鹽，啟動機器將粉類混合均勻。
3. 在步驟2裡加入奶油，反覆操作機器的開關鍵，直至粉類和奶油混合均勻後，把步驟1加入，再次反覆操作機器的開關鍵，直至粉末完全混合消失後，取出麵糰。
4. 把步驟3的麵糰放入塑膠袋內，從上方輕壓揉整，直至變成一個完整的麵糰（食物調理機較不容易把此材料攪拌成完整的麵糰）。完成後壓平，放入冰箱冷藏1小時以上。
5. 烤箱以170℃預熱。把步驟4的麵糰放在事先撒上手粉的平檯上，以擀麵棍擀平成為約3mm厚度（如果麵糰散開不好擀，只要再輕輕揉整成一個完整麵糰即可）。以沾了麵粉的模型按壓後，再間隔排列於烤盤上，以叉子戳出幾個小洞，再送入170℃烤箱烤12分鐘左右即可。

手工製作方法
1. 小鋼盆內放入巧克力和牛奶，比照上述作法中說明的方法融化。
2. 取另一鋼盆，放入在室溫下軟化的奶油，以打蛋器攪拌成柔軟乳霜狀，再加入細砂糖和鹽，攪拌均勻。然後再倒入步驟1，整體拌勻。
3. 在步驟2裡加入事先過篩的低筋麵粉，以矽膠刮刀俐落地攪拌均勻，直至粉末消失且完全混合為止。
4. 將攪拌好的麵糰揉整為一塊後，放入冰箱冷藏。接下來的作法請參考上述食物調理機版的步驟4。

可可餅乾

使用可以沖泡的可可，例如：冬天裡的熱可可。和咖啡或紅茶不同，熱可可並不是我每天常喝的飲品，但是在天氣寒冷的夜裡，或心情有點低落的時候，就會好想來一杯滋味甘甜微苦的熱可可。在小巧的牛奶鍋裡放入可可粉、砂糖、牛奶，稍微先攪拌一下作成基底，放在爐子上，一邊加熱一邊慢慢地倒入牛奶，讓牛奶和可可完全合而為一，不急不徐地煮著。

只有如此放鬆的心情、完全依自己步調所完成的飲品，才能徹底溫暖我冰冷的身體，拯救低落的心情。又或許，可可的滋味勾起了我曾經青澀的少女情懷也說不定。你問我是什麼樣的回憶？哎呀，那可是我的祕密哪！

材料（約55個）
低筋麵粉　110g
杏仁粉　50g
可可粉　20g
無鹽奶油　90g
細砂糖　45g
蛋黃　1個
鹽　1小撮

前置準備
+ 奶油切成邊長1.5cm，置於冰箱冷藏。
+ 烤盤內鋪上烘焙紙。

作法
1. 在食物調理機內放入低筋麵粉、杏仁粉、可可粉、細砂糖、鹽，啟動機器將所有粉類攪拌均勻。
2. 在步驟1裡加入奶油，反覆操作機器的開關鍵，直至粉類和奶油混合均勻後，加入蛋黃，再次反覆操作機器的開關鍵，待全部材料攪拌揉合成一個完整的麵糰後，從機器內取出。
3. 將麵糰略微壓平後，放入塑膠袋內或以保鮮膜包起，放入冰箱冷藏1小時以上。
4. 烤箱以170℃預熱。將麵糰從冰箱取出，以手或湯匙取同等大小的小麵糰，揉成直徑1.5至2cm的小球狀（可依喜好把麵糰壓成扁球形）。間隔排列於烤盤上，以170℃烤箱烤15分鐘左右。

手工製作方法
1. 鋼盆內放入在室溫下軟化的奶油，以打蛋器攪拌成柔軟乳霜狀，再加入細砂糖和鹽，持續攪拌直至柔軟蓬鬆為止。加入蛋黃，全部拌勻。
2. 在步驟1裡加入事先混合好過篩的低筋麵粉、杏仁粉、可可粉，以矽膠刮刀俐落地攪拌均勻，直至粉末消失且完全混合為止。
3. 將攪拌好的麵糰揉整為一塊後，放入冰箱冷藏。接下來的作法請參考上述食物調理機版的步驟3。

焦糖奶油夾心餅乾

焦糖奶油除了可以融入甜點作為調味之外，也可用於塗 、沾、淋，或當成夾心。滋味帶著些許甘醇混合苦味，和口味偏甜的餅乾搭配作為夾心餡料，有一種完美的平衡。如果覺得焦糖奶油吃起來太苦，可視喜好一點一點地加入軟化後的奶油，慢慢煮成焦糖奶油醬（Butter Cream）。如果覺得不夠甜，可以在煮的過程中，一邊嚐味道一邊加入少量的糖粉。煮好的焦糖醬可以當成達可瓦滋蛋白餅的夾心一起享用。

烤餅乾時，我大多會一口氣烤很多分送給親朋好友，或把麵糰留下一半冷凍起來。有些時候就算只準備少量的材料，烤完後立刻就吃光光，也不會覺得麻煩。無論是喝茶時想搭配甜點，又或想在短時間內烤出好吃餅乾時，這個食譜都很實用。如果你也能在自家廚房中活用這個食譜，我會非常開心。

材料（約20組）
低筋麵粉　40g
杏仁粉　30g
無鹽奶油　40g
細砂糖　30g
鹽　1小撮
焦糖奶油
細砂糖　75g
水　½大匙
鮮奶油　100ml

前置準備
+ 奶油切成邊長1.5cm，置於冰箱冷藏。
+ 烤盤內鋪上烘焙紙。

作法
1 首先製作焦糖奶油。在小鍋裡放入細砂糖和水，以中火加熱融化，不要搖晃鍋子。待邊緣開始出現焦化的顏色後，即可輕輕搖晃鍋子，讓顏色均勻，待煮至喜好的褐色後，即可熄火。鮮奶油以微波爐或小鍋加熱，慢慢倒入焦糖奶油內（焦糖奶油溫度極高，可能會噴賤，請小心操作），以木杓攪拌均勻，靜置直至完全冷卻。烤箱以170℃預熱。
2 食物調理機內放入低筋麵粉、杏仁粉、細砂糖、鹽，啟動機器將所有粉類攪拌均勻。
3 在步驟2裡加入奶油，反覆操作機器的開關鍵，直至粉類和奶油混合均勻且粉末完全消失，所有材料攪拌揉合成一個完整的麵糰後，從機器內取出。
4 將麵糰以手或湯匙分成同等大小的小麵糰，揉成直徑1.5至2cm的圓球狀，間隔排列於烤盤上（如果麵糰太軟不易成型，可先放入冰箱冷藏後再揉即可），以170℃烤箱烤15分鐘左右。
5 出爐後，待餅乾完全冷卻，以小湯匙舀取焦糖奶油，適量塗在餅乾上，再蓋上另一片，即成夾心餅乾。

手工製作方法
1 鋼盆內放入在室溫下軟化的奶油，以打蛋器攪拌成柔軟乳霜狀，再加入細砂糖和鹽，持續攪拌至顏色變淡、柔軟蓬鬆為止。
2 在步驟1裡加入事先混合好過篩的低筋麵粉、杏仁粉，以矽膠刮刀俐落地攪拌均勻，直至粉末消失且完全混合為止。
3 接下來的作法請參考上述食物調理機版的步驟4。

焦糖奶油可作為夾心餅乾的內餡，
就算不當成夾心，
直接塗在餅乾上吃也很好吃哦！

巧克力脆餅

以可可粉調出巧克力口味，口感接近司康，這款餅乾其實是以司康的食譜變化而來的。沒有司康的酥脆，而是略帶濕潤、柔軟的口感，需要保存時也不用另外搭配乾燥劑。隔一天，甚至隔兩天後再吃，餅乾吸收了空氣中的濕氣後，更顯美味。食用時可以像司康一樣塗抹奶油，或稍微溫熱後再吃也很不錯。

麵糰剛作好時會有一點黏性，但不至於無法成型。如果不能順利地揉成圓球形，可以撒一些高筋麵粉，或是先將整塊麵糰放進冰箱冷藏一會兒後，就很好處理了。

材料（直徑3cm大小約18個）
低筋麵粉　75g
可可粉　1大匙
泡打粉　¼小匙
無鹽奶油　30g
細砂糖　20g
蛋黃　1個
牛奶　2大匙
鹽　1小撮
烘焙專用巧克力（半糖）　25g
裝飾用糖粉　適量

前置準備
+ 奶油切成邊長1.5cm，置於冰箱冷藏。
+ 巧克力切碎成細末。
+ 烤盤內鋪上烘焙紙。
+ 烤箱以170℃加熱。

作法
1 在小鍋裡放入巧克力，鍋底接觸約60℃的熱水（隔水加熱），或是以微波爐加熱融化也可以。
2 食物調理機內放入低筋麵粉、可可粉、泡打粉、細砂糖、鹽，啟動機器3秒左右，將所有粉類快速攪勻。
3 在步驟2裡加入奶油，然後反覆操作機器的開關鍵，直至粉類和奶油混合均勻後，再加入牛奶、步驟1的巧克力、蛋黃。重複操作機器的開關鍵，直至粉末完全消失，所有材料攪拌揉合成一個完整的麵糰後，從機器內取出。
4 以大湯匙舀取麵糰，取約半湯匙分量，揉成圓球狀，間隔排列於烤盤上，以170℃烤箱烤15分鐘左右。待餅乾完全冷卻後，依喜好撒上適量的糖粉即可。

手工製作方法
1 取一小容器，裝入牛奶和已融化好的巧克力（以隔水加熱方式或微波爐皆可），放入冰箱冷藏一陣子。
2 將低筋麵粉、可可粉、泡打粉混合過篩後置於鋼盆內，再加入細砂糖和鹽，使用打蛋器以畫圓的方式攪拌均勻。
3 在步驟2裡加入切成邊長1.5cm、冷藏過的奶油塊，以刮板以切拌的方式將奶油和粉類混合均勻。最後用雙手搓揉，使整體材料變成鬆散顆粒狀之後，加入步驟1的材料和蛋黃，以矽膠刮刀拌勻，揉合成一塊完整的麵糰。
4 接下來的步驟，請參考上述食物調理機版的步驟4。

小餅乾

在日本有一款名為「畢滋豬肉」的小香腸，這款餅乾比那種香腸更小，一口吃2至3個也沒問題。食譜的份量一次可以作約80個，我原本只打算示範一半份量的作法，但是這麼一來，蛋黃的用量就變成½了。雖然半顆蛋黃也能夠作得出來，但是，剩下的半顆蛋黃反而有點棘手……我真是個家庭主婦啊！

所以呢，最後我還是決定向大家介紹使用一整顆蛋黃的食譜。如果覺得一次烤出一堆迷你小餅乾有點沒意思，也可以把麵糰一分為二，一半用來烤小餅乾，另一半揉成直徑3cm的棒狀，切成圓片形後放入冰箱冷凍起來，想吃的時候直接拿出來送進烤箱，烤一烤就能吃囉！

材料（2×1.5cm大小約80個）
低筋麵粉　130g
榛果粉　35g*
無鹽奶油　80g
細砂糖　40g
蛋黃　1個
鹽　1小撮
*以杏仁粉替代也可以

前置準備
+ 奶油切成邊長1.5cm，置於冰箱冷藏。
+ 烤盤內鋪上烘焙紙。

作法
1. 食物調理機內放入低筋麵粉、榛果粉、細砂糖、鹽，啟動機器約3秒，將粉類快速拌勻。
2. 在步驟1裡加入奶油，重複操作機器的開關鍵至奶油和粉類混合後，加入蛋黃，再次重複操作機關的開關鍵，直至所有材料攪拌揉合成一個完整的麵糰後，從機器內取出。
3. 把麵糰略微壓平後，裝入塑膠袋內或以保鮮膜包起，放入冰箱冷藏1小時以上。
4. 把麵糰分成8等分，各自揉成直徑約1cm的長條狀，再以保鮮膜包好後，放入冰箱冷藏1小時以上。
5. 烤箱以170℃預熱。把從冰箱取出的麵糰條切成每片1.5至2cm長，間隔排列於烤盤上，以170℃烤箱烤約10分鐘。若先在麵糰條上撒上分量外的細砂糖再切開烘烤會更好吃，不妨試試看。

手工製作方法
1. 在鋼盆內放入已在室溫下變軟的奶油，以打蛋器攪拌成柔軟乳霜狀，再加入細砂糖和鹽，持續攪拌直至顏色變淡且柔軟蓬鬆為止。
2. 在步驟1裡加入蛋黃混勻，再加入過篩後的低筋麵粉、榛果粉，以矽膠刮刀俐落地攪拌均勻，直至粉末消失且全混合為止。
3. 將步驟2整合成一塊完整的麵糰後，放入冰箱冷藏。接下來的作法，請參考上述食物調理機版的的步驟3。

雙手前後滾動麵糰，
揉整成長條狀後，
以保鮮膜包起，
放入冰箱冷藏一陣子。

果醬餅乾

在麵糰裡混合果醬烤成的餅乾、表面塗上果醬再捲起來像蝸牛形狀、在烤好的餅乾中間擠上果醬作為夾心的餅乾……果醬搭配餅乾的變化琳琅滿目，其中我最喜歡的，就是這種形狀彷彿以餅乾盛裝果醬造形的果醬餅乾。

雖然是搭配果醬一起享用，但我在準備材料的時候，心裡卻想烤出「就算沒有果醬也一樣好吃的餅乾」。所以，為了清爽的滋味和口感，選用酸奶油（Sauer Cream）；又想要增加餅乾吃起來的脆度，所以加了杏仁片；因為都是想吃的時候才動手作，所以要選擇不需等待醒麵的麵糰。就是上述這些理由，讓我完成了這個食譜。

一個餅乾的麵糰分量，約是½大匙。在舀取麵糰時，可以利用小型冰淇淋挖勺，相當方便。以容量8ml的小型挖勺舀取麵糰後，間隔排列於烤盤上後，再分別揉整成圓球狀，就是這樣完成的。

材料（直徑4.5cm大小約25個）
低筋麵粉　90g
無鹽奶油　50g
酸奶油（Sauer Cream）　20g
細砂糖　35g
蛋黃　1個
鹽　1小撮
杏仁片　30g
裝飾用果醬（草莓果醬、柑橘果醬等）　適量

前置準備
+ 奶油切成邊長1.5cm，置於冰箱冷藏。
+ 杏仁片最好先以160℃烤箱烤6至8分鐘後，冷卻備用。
+ 烤盤內鋪上烘焙紙。
+ 烤箱以170℃預熱。

作法
1. 食物調理機內放入低筋麵粉、細砂糖、鹽，啟動機器約3秒，將粉類快速拌勻。
2. 在步驟1裡加入奶油和酸奶油，反覆操作機器的開關鍵，直至粉類和奶油混合均勻後，加入蛋黃，以機器略微拌勻。加入杏仁片，再次反覆操作機器的開關鍵，待全部材料攪拌揉合成一個完整的麵糰後，從機器內取出。
3. 取½大匙分量的麵糰，間隔排列於烤盤上後，揉成圓球狀，以手指在麵糰球中央按壓出凹槽，送入170℃烤箱內烤12至15分鐘。出爐後，等餅乾散熱至不燙手的程度，填入果醬即可。

手工製作方法
1. 鋼盆內放入在室溫下軟化的奶油和酸奶油，以打蛋器攪拌成柔軟乳霜狀，再加入細砂糖和鹽，持續攪拌直至柔軟蓬鬆為止。
2. 在步驟1裡加入蛋黃，拌勻，加入過篩後的低筋麵粉、切碎的杏仁片，以矽膠刮刀俐落地攪拌均勻，直至粉末消失且全混合為止。
3. 接下來的作法請參考上述食物調理機版的步驟3。

酸奶油（Sauer Cream）
可以作甜點，也可以作料理。
最近我喜歡的吃法是搭配煙燻鮭魚一起吃。
在鮭魚上加一點酸奶油，
再撒上研磨黑胡椒。
我家附近的超市
還發現一種便利的軟管包裝
（100g，中澤乳業出品）。

這是我最喜歡的Sarabeth's的果醬。
Orange-Apricot Marmalade和
Blood Orange Marmalade
是我的最愛，都超好吃！

冰淇淋專用的小型挖勺，
可以舀取相等分量的餅乾麵糰，十分便利。
這是8ml大小的挖勺，
容量相當於½大匙。

奶油乳酪夾心莎布蕾

莎布蕾的口感特色，就是口齒留香的酥脆輕爽。食譜配方和作法都沒有獨到之處，看起來普普通通，可是出爐後卻變身成如此美味的餅乾，真是令人驚奇。夾心的奶油餡，是單純以奶油乳酪、奶油和砂糖攪拌打發而成。由於調味的配方比例偏向樸素的口感，可以添加糖漬橙皮或是蘭姆葡萄乾，作出許多不同的變化。若想強調起司的香味，就增加起司的份量試試看吧！

若不使用餅乾模型，只要分成4塊後再切開即可烘焙，所以麵糰得以完全使用，不會浪費。由於夾心是奶油質地，若吃不完請放入冰箱冷藏保存。隔天，奶油夾心的水分就算轉移至餅乾上，也同樣好吃哦！

材料（直徑4.5cm大下約15組）
低筋麵粉　100g
杏仁粉　25g
無鹽奶油　60g
糖粉　35g
蛋黃　1個
鹽　1小撮
起司口味奶油餡
- 奶油乳酪（Cream Cheese）　40g
- 無鹽奶油　60g
- 糖粉　1大匙

前置準備
+ 奶油切成邊長1.5cm，置於冰箱冷藏。
+ 奶油餡用的奶油乳酪和奶油，置於室溫下使其軟化。
+ 烤盤內鋪上烘焙紙。

作法
1. 食物調理機內放入低筋麵粉、杏仁粉、糖粉、鹽，啟動機器約3秒，將粉類快速拌勻，加入奶油，然後反覆操作機器的開關鍵，直至粉類和奶油混合均勻後，加入蛋黃，再次反覆操作機器的開關鍵，待全部材料攪拌揉合成一個完整的麵糰後，從機器內取出。
2. 將麵糰裝入塑膠袋內，以擀麵棍從上方將麵糰擀平成約2至3mm厚，放入冰箱冷藏2小時以上。
3. 烤箱以170℃預熱。把從冰箱取出的麵糰以直徑4.5cm的模型壓切後，間隔排列於烤盤上，以170℃烤12分鐘左右。
4. 利用烤好的莎布蕾出爐冷卻的空檔，製作起司口味奶油餡。在鋼盆內放入已經變軟的奶油乳酪（Cream Cheese）和奶油，以打蛋器攪拌混合成柔軟乳霜狀，再加入糖粉，持續攪拌直至柔軟蓬鬆為止。
5. 待莎布蕾完全冷卻後，以擠花袋或是湯匙將內餡擠至餅乾上，作成夾心即可。沒吃完的餅乾請置於冰箱冷藏保存。

手工製作方法
1. 鋼盆內放入在室溫下軟化的奶油，以打蛋器攪拌成柔軟乳霜狀，再加入糖粉和鹽，持續攪拌直至顏色變淡且柔軟蓬鬆為止。
2. 在步驟1裡加入蛋黃拌勻，加入混合過篩後的低筋麵粉和杏仁粉，以矽膠刮刀俐落地攪拌均勻，直至粉末消失且全混合為止。
3. 接下來的作法請參考上述食物調理機版的步驟2。

起司棒莎布蕾

像是開胃菜般方便入口的起司棒莎布蕾，放幾根在玻璃杯裡，就是搭配紅酒或啤酒的最佳夥伴。不喝酒的我，只能以它來配茶，可是我很嚮往「成熟的大人氣息」，所以這陣子開始練習喝紅酒。不過啊，紅酒的學問還真是高深呢。實在沒有研究高深學問的動力，對我來說，第一印象的好吃或不好吃才是最重要的。

挑選起司時，選用顏色橘紅、外表充滿彈性、能凸顯食物特色的紅切達起司。你也可以自己喜歡慣用的硬式起司，當然，想使用便利的起司粉代替也行。至於烘焙前撒在麵糰上的起司粉，可以和材料中的起司相同，也可以換一種不同風味的起司。兩種不同口味的起司重疊，具有深度的滋味更是不同凡響。

材料（每根12cm長，約25根左右）
低筋麵粉　80g
高筋麵粉（使用低筋麵粉亦可）　50g
無鹽奶油　50g
起酥油（使用奶油亦可）　10g
蔗糖（或是細砂糖）　½大匙
牛奶　2大匙
鹽　1小撮
紅切達起司（Red Cheddar Cheese）　60g
烘焙前使用的起司粉、研磨黑胡椒、粗鹽　適量

前置準備
+ 奶油和切達起司各切成邊長1.5cm，置於冰箱冷藏。
+ 烤盤內鋪上烘焙紙。

作法
1. 食物調理機內放入低筋麵粉、高筋麵粉、蔗糖、鹽、切達起司，啟動機器約3秒，將粉類快速拌勻。加入奶油和起酥油，然後反覆操作機器的開關鍵，直至粉類和奶油混合均勻後，加入牛奶，再次反覆操作機器的開關鍵，待全部材料攪拌揉合成一個完整的麵糰後，從機器內取出。
2. 將步驟1的麵糰裝入塑膠袋內，從上方以擀麵棍擀成長12cm寬25cm左右後，送入冰箱冷藏2小時以上。
3. 烤箱以180℃預熱。把麵糰切成1cm寬的長條狀，間隔排列於烤盤上，撒上起司粉、黑胡椒、粗鹽，以180℃烤12至15分鐘左右。

手工製作方法
1. 鋼盆內放入在室溫下軟化的奶油和起酥油，以打蛋器攪拌成柔軟乳霜狀，再加入蔗糖和鹽，持續攪拌直至顏色變淡且柔軟蓬鬆為止。
2. 在步驟1裡加入牛奶，拌勻，加入混合過篩後的低筋麵粉和高筋麵粉，再加入磨碎的切達起司，以矽膠刮刀俐落地攪拌均勻，直至粉末消失且全混合為止。
3. 將鋼盆內的材料整合成一塊完整的麵糰後，放入冰箱冷藏。接下來的作法請參考上述食物調理機版的步驟2。

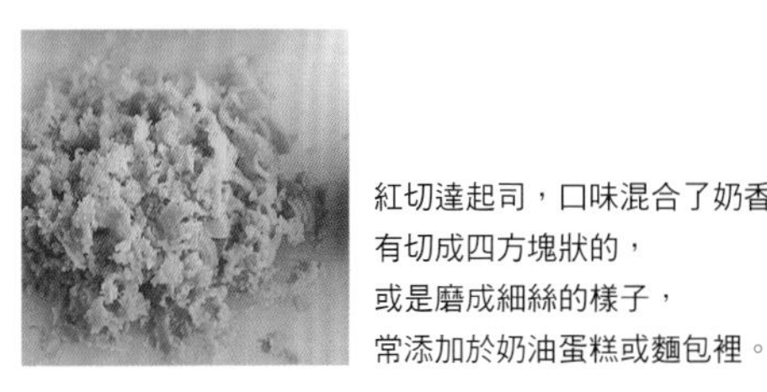

紅切達起司，口味混合了奶香及堅果般的香氣。
有切成四方塊狀的，
或是磨成細絲的樣子，
常添加於奶油蛋糕或麵包裡。

椰香莎布蕾

不知道為什麼，我認為和椰子口味的點心最對味的飲料就是咖啡。這是最近在我心中不知不覺形成的潛規則。過去並不怎麼喜歡咖啡，但這個感覺在這幾年當中有了很大的轉變，如今甚至發掘了不少很棒的咖啡豆專賣店。不只豆子的種類，烘焙豆子的方式和沖泡咖啡的手法只要稍有變化，最後呈現出來的風味也截然不同，咖啡的世界真是博大精深呢！

接觸了全新的知識，一腳踏進迄今毫無興趣的領域裡，無論那是多麼微小的一件事，也將為自己今後的人生帶來多一分的樂趣，覺得是一件很棒的事。對於帶給我嶄新契機的人、事、物，在此致上由衷的謝意。

材料（4cm×4cm大小約40片）
低筋麵粉　120g
椰子粉　80g
無鹽奶油　80g
糖粉　50g
雞蛋　½個
鹽　2小撮

前置準備
+ 奶油切成邊長1.5cm，置於冰箱冷藏。
+ 烤盤內鋪上烘焙紙。

作法
1. 食物調理機內放入低筋麵粉、椰子粉、糖粉、鹽，啟動機器約3秒，將粉類快速拌匀。
2. 在步驟1裡加入奶油，反覆操作機器的開關鍵，直至粉類和奶油混合均勻後，加入雞蛋，再次反覆操作機器的開關鍵，待全部材料攪拌揉合成一個完整的麵糰後，從機器內取出。
3. 將麵糰分成2份，分別裝入塑膠袋內，從上方以擀麵棍擀成長20cm寬16cm左右後，送入冰箱冷藏2小時以上。
4. 烤箱以180℃預熱。把麵糰切成長寬4cm左右的正方形，間隔排列於烤盤上，以180℃烤約10至12分鐘。

手工製作方法
1. 鋼盆內放入在室溫下軟化的奶油，以打蛋器攪拌成柔軟乳霜狀，再加入糖粉和鹽，持續攪拌直至顏色變淡且柔軟蓬鬆為止。
2. 在步驟1裡加入雞蛋，拌勻，加入過篩後的低筋麵粉、椰子粉，以矽膠刮刀俐落地攪拌均勻，直至粉末消失且全混合為止。
3. 將鋼盆內的材料整合成一塊完整的麵糰後，放入冰箱冷藏。接下來的作法請參考上述食物調理機版的步驟3。

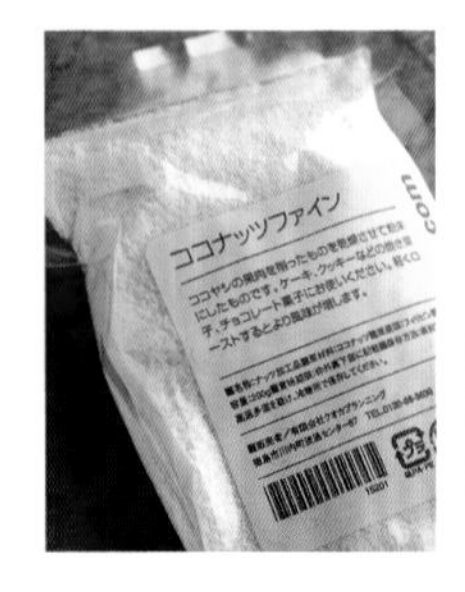

以乾燥後的椰子果肉
加工磨成粉狀而成的椰子粉。
我使用的是烘焙材料店裡賣的
「椰子細粉」。

材料（4至5cm大小約50片）
低筋麵粉　35g
杏仁粉　20g
無鹽奶油　30g
糖粉　50g
蛋白　1個份
鮮奶油　50ml
鹽　1小撮
裝飾用的烘焙專用巧克力（半糖）　適量

前置準備
+ 蛋白置於室溫下回溫。
+ 巧克力切碎成小塊。
+ 低筋麵粉和杏仁粉混合後過篩。
+ 烤盤內鋪上烘焙紙。
+ 烤箱以170℃加熱。

作法
1 在小鋼盆內放入奶油，盆底接觸水溫約60℃的熱水，隔水加熱融化奶油。或是以微波爐融化也可以。
2 另取一鋼盆，放入蛋白，以打蛋器左右來回的方式打散，直至蛋白當中凝固結塊的部分消失為止，加入糖粉和鹽，持續攪拌直至顏色變白且質地濃稠。（不需打至起泡）。
3 在步驟2裡加入步驟1的奶油和鮮奶油，持續用打蛋器以畫圓的方式攪拌，加入過篩的粉類，以打蛋器全部攪拌均勻。
4 以小湯匙舀取滿匙的麵糰後，間隔排列於烤盤上，以170℃烤箱烤12至15分鐘。待餅乾出爐完全冷卻後，淋上融化的巧克力作為裝飾。

把巧克力放入小容器內，
以隔水加熱或微波加熱的方式融化後，
淋在餅乾上，再放在網架上等待乾固即可。
可以擠花袋盛裝融化後的巧克力，
或以小型的塑膠袋，剪下底部其中一角，
把巧克力像畫線一般淋在餅乾上。
巧克力的裝飾法，隨個人喜好即可。

貓舌餅

奶油的香甜，鮮奶油的香醇，杏仁的香氣，這組創造美味的金三角，不經意地被我應用在貓舌餅上。淋上巧克力作為點綴，雖然提高了甜度，但是作為搭配下午茶時需要甜味較強烈的甜點，再適合不過了。在短暫的休息時間裡，來一塊貓舌餅，真令人開心。

如果使用白巧克力來點綴，無論視覺或味覺上都有更精緻的感覺。在餅乾烤好剛出爐時，可以趁熱彎成像瓦片餅乾的形狀（冷卻後餅乾會變硬，一旦彎曲就會碎掉），或是整個捲成像蛋卷的形狀也很漂亮。就算不淋巧克力直接享用原味，也非常好吃哦！

椰香巧克力脆片餅乾

我對於製作甜點或是料理的工具完全沒有抵抗力，非常喜歡逛販賣廚房雜貨的小店。「作○○的時候，有這個工具就好了」或「如果我有那個工具，就可以作○○了」……腦子裡的想法轉啊轉的，逛著看起來很好用的工具或可愛的小工具，每天都盼望著能遇見更新、更有趣的商品。

在結婚之前，根本從沒想過自己有一天會變得如此熱衷於廚房相關用品（因為我對作菜完全不在行）。然而現在，已經變成每當被問到「妳想要什麼東西」時，會以認真的表情回答「我想要鍋子！」的人。雖然是實話，但連自己都想對著自己苦笑呢！

開始烤脆片餅乾的契機，是由於某個工具的緣故。因為有一種製作脆片餅乾專用的湯匙和抹刀（針對可以輕鬆舀起偏軟的麵糰而設計），忍不住買了這個工具。其實以2支普通的湯匙就可以作得出來，便利性並沒有太大的差異，不過，以自己喜歡的工具製作點心的過程，這件事情本身就很令人愉快。

材料（直徑4cm大小約40個）
低筋麵粉　150g
無鹽奶油　80g
起酥油　50g
細砂糖　80g
雞蛋　1個
鹽　1小撮
椰絲（切碎）　50g
白巧克力脆片　100g

前置準備
+ 奶油和雞蛋置於室溫下回溫。
+ 烤盤內鋪上烘焙紙。
+ 低筋麵粉過篩後備用。
+ 烤箱以170℃預熱。

作法
1 鋼盆內放入已經軟化的奶油和起酥油，以打蛋器攪拌成柔軟乳霜狀，再加入細砂糖和鹽，持續攪拌直至顏色變淡且柔軟蓬鬆為止。
2 將已打散的雞蛋蛋液，慢慢地加入步驟1裡，仔細混合均勻。
3 加入過篩後的低筋麵粉，利用矽膠刮刀以切拌的方式，俐落地攪拌，直至鋼盆內還留下些許粉末的狀態，加入巧克力脆片和椰絲。接著俐落地攪拌均勻，直至粉末消失且所有材料完全混合為止。
4 先取1支湯匙，舀取1滿匙的分量，再以另1支湯匙協助，將麵糊撥至烤盤內，間隔排列，重複此動作。送入烤箱後餅乾會變得較扁平，所以湯匙上的麵糰直接垂落在烤盤內即可，不用壓平。以170℃烤15至20分鐘。

為了方便舀取麵糊而設計的專用湯匙和抹刀，
兩種不同尺寸的湯匙搭配1支抹刀的工具組。
用湯匙舀起麵糊
（可依想製作的大小選擇湯匙的尺寸），
再用抹刀把麵糊從湯匙上撥到烤盤內。
由於是樹脂加工的材質，
麵糊不會黏在工具上，非常方便。
美國AMCO公司所生產的廚房用品，
有很多兼具美觀和實用的設計，相當不錯。

巧克力脆片，
可依個人喜好選擇
白巧克力或黑巧克力。
在作椰香類的餅乾時，
我喜歡搭配白巧克力。

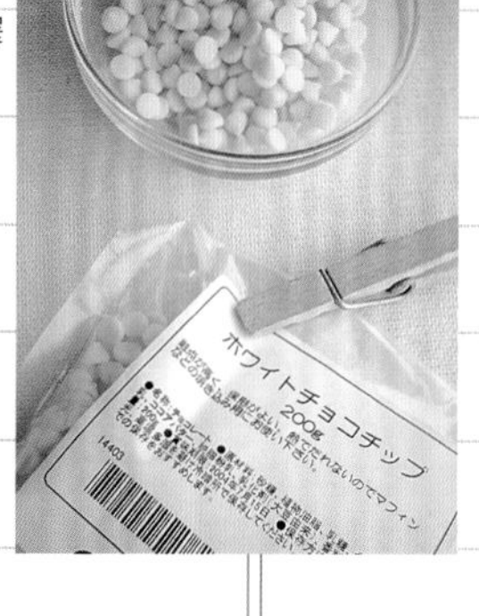

起酥油是一種替代純豬油的人工油脂。
添加於餅乾上能呈現酥鬆的輕盈口感。
由於它沒有任何香氣及滋味，
建議和奶油一起搭配使用。
若是家裡沒有起酥油，
完全以奶油替代也可以。
或許酥鬆的口感會略顯不足，
但是風味上卻更加濃郁。

起司核桃餅乾

在我常作的「添加起司粉」餅乾中，是不帶甜味、接近開胃菜的「黑胡椒起司餅乾」（P.26）和這款餅乾製作頻率相當的另一款，就是「起司核桃餅乾」。不過，由於起司核桃餅的麵糰不需要醒麵，在配方的便利性上，這個口味登場的次數又略勝一籌。同樣是以湯匙舀取麵糰置於烤盤上所烤出來的餅乾，這個口味的麵糰質地偏硬，以手也可以調整出喜歡的形狀來。舀取滿滿一匙的麵糰後，以雙手揉成圓球狀，再略微壓扁，烤出來的餅乾就是單純的圓形，也相當討喜。

選用的起司粉，是充滿香氣、帶有鹹味的艾登起司（Edam Cheese）。餅乾出爐後，起司的香氣和味道讓人口齒留香，就算麵糰裡加入堅果一起烤，起司的味道也絕不遜色。也可以夏威夷豆或切碎的杏仁顆粒，選用自己喜歡的堅果來搭配吧。想增加視覺和口感的效果，再加入些許炒熟芝麻，也可以烤出既複雜又有趣的口味來哦！

材料（直徑3.5至4cm大小約40個）
低筋麵粉　150g
無鹽奶油　80g
起酥油　20g*
細砂糖　35g
雞蛋　1個
鹽　1小撮
起司粉　60g
核桃　80g
*沒有起酥油用奶油替代也可以。

前置準備
+ 奶油和雞蛋置於室溫下回溫。
+ 核桃可以先以150至160℃的烤箱烤約8分鐘左右，裝入塑膠袋內，以擀麵棍敲碎。
+ 低筋麵粉過篩備用。
+ 烤盤內鋪上烘焙紙。
+ 烤箱以170℃預熱。

作法
1. 鋼盆內放入已經軟化的奶油和起酥油，以打蛋器攪拌成柔軟乳霜狀，再加入細砂糖和鹽，持續攪拌直至顏色變淡且柔軟蓬鬆為止。將已打散的雞蛋蛋液，慢慢地加入，仔細混合均勻。
2. 加入過篩後的低筋麵粉，利用矽膠刮刀以切拌的方式，俐落地攪拌，直至鋼盆內還留下些許粉末的狀態，加入起司粉和核桃，再將所有材料攪拌均勻。
3. 先取1支湯匙，舀取1滿匙的分量，再以另1支湯匙協助，將麵糊撥至烤盤內，間隔排列，重複此動作，然後送入烤箱，以170℃烤15至20分鐘。

想要作出輕爽酥脆口感的時候，可以把一部分的奶油以起酥油替代。若沒有起酥油，完全用奶油製作也可以。

烤核桃時，只要烤到略微焦黃、飄出香味的程度，就可以從烤箱裡拿出來囉！起司粉用罐裝的就可以了，我個人喜歡的則是Edam Cheese的起司粉。

橙皮杏仁餅乾

以融化的奶油為基底，加入滿滿杏仁片的這款餅乾，口味上有點接近烤得比較厚的杏仁瓦片餅乾。

在烤餅乾或點心時，喜歡一邊聽CD或廣播，製造愜意的氣氛。雖然很想說出「我最常聽的音樂類型是西洋音樂」這種很帥氣的答案，可惜事實上我很少聽西洋歌曲，所擁有的CD或DVD絕大部分都是日本藝人的作品。流暢的旋律，搭配日文歌詞，讓我覺得很安心。

在練習烤這個餅乾的那段期間，無論在家裡或車上，我最常聽的專輯就是《G10》、《Dress up to the Nines》、《Love Anthem》等。我真的很愛《聖堂教父The Gospellers》啊……

材料（直徑3.5至4cm大小約30個）
低筋麵粉　50g
無鹽奶油　50g
細砂糖　35g
雞蛋　½個
鹽　1小撮
糖漬橙皮　40g
杏仁片　60g

前置準備

+ 杏仁片可以先以150至160℃的烤箱烤約5分鐘，冷卻備用。
+ 低筋麵粉過篩備用。
+ 烤盤內鋪上烘焙紙。
+ 烤箱以160℃預熱。

作法

1. 鋼盆內放入奶油，鋼盆底部接觸約60℃的熱水，隔水加熱融化奶油。或是以微波爐融化也可以。奶油融化後移開熱水，在鋼盆內加入細砂糖和鹽，以打蛋器攪拌均勻，然後再加入雞蛋和糖漬橙皮，全部拌勻。
2. 在步驟1裡加入過篩後的麵粉，以矽膠刮刀混合攪拌，直至呈現柔滑狀，再加入杏仁片，拌勻。
3. 先取一支湯匙，舀取1滿匙的分量，再以另一支湯匙協助，將麵糊撥至烤盤內，間隔排列，重複此動作。送入烤箱，以160℃烤20至30分鐘，注意別把餅乾烤焦。

柑橘系的糖漬果皮，除了橙皮外，改用其他的果皮也可以。用檸檬皮當然也沒問題，用柚子皮來作同樣很好吃。如果不用果皮，改成加入少量的薑末也不錯哦！

葡萄乾白巧克力餅乾

細緻香甜、風味溫醇的白巧克力，配上帶著酸味的水果乾，是我很喜歡的組合。不只餅乾，更應用在奶油蛋糕、戚風蛋糕、司康上，甚至冰涼的點心，都曾經試作過。水果乾可以選擇葡萄乾、蔓越莓、草莓、覆盆子等等，想添加什麼都行。我覺得以酸味取勝的水果和巧克力作搭配，呈現出來的滋味是最棒的。

這裡我選用白巧克力和葡萄乾。雖然同樣名為葡萄乾，可是種類卻多有不同。選擇味道、顏色、顆粒大小的過程也是一種樂趣。將一部分的奶油以起酥油來代替，能烤出更帶有輕爽酥脆口感的餅乾哦！

材料（直徑4至5cm大小約25個）
低筋麵粉　150g
泡打粉　¼小匙
無鹽奶油　120g
細砂糖　60g
雞蛋　1個
鹽　1小撮
葡萄乾　80g
白巧克力脆片　40g

前置準備
+ 奶油和雞蛋置於室溫下回溫。
+ 低筋麵粉和泡打粉混合後過篩備用。
+ 烤盤內鋪上烘焙紙。
+ 烤箱以170℃預熱。

作法
1. 鋼盆內放入已經軟化的奶油，以打蛋器或電動攪拌器攪拌成柔軟乳霜狀，再加入細砂糖和鹽，持續攪拌直至顏色變淡且柔軟蓬鬆為止。將已打散的雞蛋蛋液，慢慢地加入，混合均勻。
2. 加入過篩後的低筋麵粉和泡打粉，以矽膠刮刀採切拌的方式俐落地攪拌，直至鋼盆內還留下些許粉末的狀態，加入葡萄乾和巧克力脆片，再將所有材料攪拌均勻。
3. 先取一支湯匙，舀取1滿匙的分量，再用另一支湯匙協助，將麵糊撥至烤盤內，間隔排列，重複此動作。完成後送入烤箱，以170℃烤18至20分鐘。

葡萄乾和巧克力真是好拍檔。
加在平日常見的馬芬或司康上，
馬上美味加分。
和帶有苦味的黑巧克力也很搭哦！

芝麻鹽味餅乾

這是加了許多芝麻且口味濃郁的鹹味餅乾。使用了等量的黑、白芝麻混合，也可以只用其中一種芝麻，如果黑芝麻的比例較多，烤出來的顏色就深一些；白芝麻的比例較多，烤出來的顏色就柔和一點，兩種顏色的搭配，各憑喜好。

招待朋友喝茶的時候，如果時間允許，會多準備幾種不同口味的餅乾。這時我會挑一種不甜的餅乾，多放一些在一群香甜的餅乾中，帶有鹹味或辣味的餅乾通常會扮演轉換味覺的角色，然後大家又會接著吃更多甜的餅乾。如果是喝茶兼吃午餐，可以搭配法式鹹派或是三明治；如果是下午茶的休息時間，就搭配這類型的餅乾吧！

材料（長15cm左右約40根）
低筋麵粉　120g
無鹽奶油　30g
庶糖（或細砂糖）　½小匙
牛奶　3大匙
鹽　½小匙
炒熟黑芝麻　20g
炒熟白芝麻　20g

前置準備
+ 奶油切成邊長1.5cm，置於冰箱冷藏。
+ 烤盤內鋪上烘焙紙。

作法

1. 食物調理機內放入低筋麵粉、蔗糖、鹽，啟動機器約3秒，將粉類快速拌勻。
2. 在步驟1裡加入奶油，重複操作機器的開關鍵，直至奶油和粉類混合後，再加入牛奶和芝麻，重複操作機關的開關鍵，直至所有材料攪拌混合成濕潤且有如顆粒般的鬆散狀後，從機器內取出。
3. 把步驟2裝入塑膠袋，從上方以雙手揉整，變成一個完整的麵糰後，再以擀麵棍擀平成5mm厚（長15cm×寬25cm大小），放入冰箱冷藏至少2小時以上（若能隔夜更好）。
4. 烤箱以180℃預熱。把麵糰切成寬5至7mm的棒狀，間隔排列於烤盤上，180℃烤箱烤18至20分鐘。

手工製作方法

1. 鋼盆內放入在室溫下軟化的奶油，以打蛋器打散攪拌成柔軟乳霜狀，再加入蔗糖和鹽，持續攪拌直至顆粒消失且柔軟蓬鬆為止。
2. 在步驟1裡加入已過篩的低筋麵粉，以矽膠刮刀俐落地攪拌均勻，在盆內材料還留有些許粉末的狀態時，加入芝麻和牛奶，將所有材料混合均勻。
3. 將鋼盆內的材料整合成一塊完整的麵糰後，放入冰箱冷藏。接下來的作法請參考上述食物調理機版的步驟3。

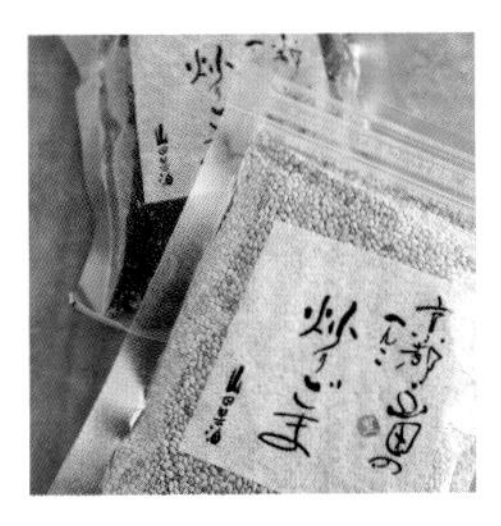

我家餐桌不可缺少的芝麻產品，
就是山田製油的炒熟黑白芝麻，
真是風味絕佳。
圖片中是70g的包裝，
也有一次用量、隨時保鮮的5g
小袋裝的炒熟芝麻和研磨芝麻。

全麥餅乾

材料（直徑3cm大小約45片）
全麥麵粉　100g
低筋麵粉　20g
無鹽奶油　40g
紅糖（或細砂糖）　25g
牛奶　2大匙
鹽　¼小匙
擀麵糰用的麵粉（最好是高筋麵粉）　適量

前置準備
+ 奶油切成邊長1.5cm，置於冰箱冷藏。
+ 烤盤內鋪上烘焙紙。

作法
1. 食物調理機內放入全麥麵粉、低筋麵粉、紅糖、鹽，啟動機器約3秒，將粉類快速拌勻。
2. 在步驟1裡加入奶油，重複操作機器的開關鍵，直到奶油和粉類混合後，再加入牛奶。再次重複操作機關的開關鍵，直到所有材料攪拌混合成濕潤、有如顆粒般的鬆散狀後，從機器內取出。
3. 以矽膠刮刀輕輕推壓，將機器內的材料整合成一塊，取出後放在已事先灑好的麵粉的平檯上，用雙手搓揉麵糰，使其完整揉合。將麵糰分成2等分，各自揉成直徑2.5至3cm的長條狀（若是麵糰太軟不易成形，可先置於冰箱冷藏一陣子）。然後以保鮮膜包起，放入冰箱冷藏至少2小時（若能隔夜最好）。
4. 烤箱以180℃預熱。把麵糰切成每片7至8mm厚的片狀，間隔排列於烤盤上，180℃烤箱烤15分鐘左右。

手工製作方法
1. 鋼盆內放入在室溫下軟化的奶油，以打蛋器打散攪拌成柔軟乳霜狀，再加入紅糖和鹽，持續攪拌直到顏色變淡，柔軟蓬鬆為止。
2. 在步驟1裡加入已混合過篩的全麥麵粉和低筋麵粉，以矽膠刮刀俐落地攪拌均勻，再加入牛奶，持續攪拌直到粉末消失、完全混合為止。
3. 將鋼盆內的材料整合成一塊完整的麵糰後，放入冰箱冷藏。接下來的作法請參考上方食物調理機版的步驟3。

現在，請跟著我一起作。

首先，完成準備工作

在磅秤上放個小鋼盆，依序加入按份量的全麥麵粉、低筋麵粉、紅糖。鹽也在這個步驟中加入。

製作麵糰

在食物調理機內放入粉類和紅糖，啟動機器拌勻。由於麵粉會飛散，所以我會找一塊乾淨的長型布巾，捲起來蓋著。

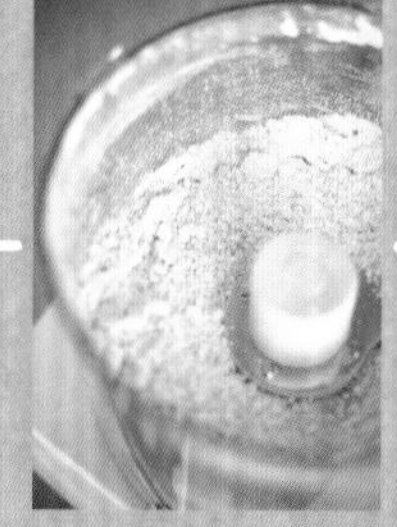

放入切成邊長1.5cm的冷藏奶油塊，重複操作機器的開關鍵，攪拌粉類和奶油。混合成像這樣鬆散的小塊狀即可。

測量牛奶的份量後，加入機器中。

再次重複操作機器的開關鍵，一邊觀察攪拌的情形，很快就拌勻了。

機器內呈現出這樣一塊一塊的狀態，表示攪拌完成。

以矽膠刮刀輕輕擠壓機器內的材料，直到變成一個完整的麵糰後，再從機器內取出置於平檯上。

揉整

「Silpat」（烘焙墊、烤盤布，參照P.56）是一種不會沾黏的墊子，所以不撒麵粉也可以。把麵糰以雙手輕柔地壓緊實後，再對分成2份。

先用單手將麵糰壓扁，再用雙手前後滾動讓麵糰捲起成直徑2.5至3cm的長條狀。若麵糰太軟不易成型，可先放入冰箱冷藏一段時間。

醒麵

以保鮮膜把長條狀麵糰包好，兩端像糖果的包裝紙般收攏，放入冰箱冷藏至少2小時，若能隔夜更好。

切開，烘烤

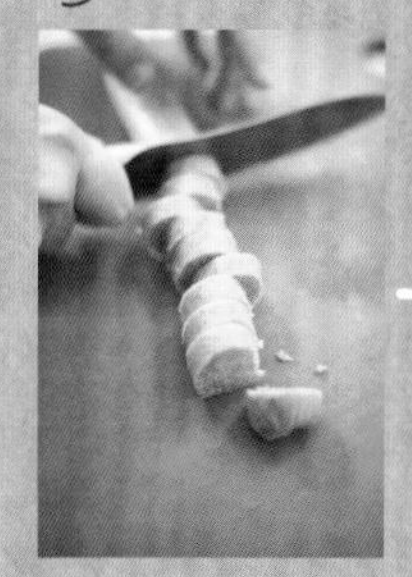

先把烤箱以180℃預熱，然後把麵糰切成每片約7至8mm厚的片狀。由於是以全麥麵粉製作，切開時可能會有顆粒散開，不太好切喔！

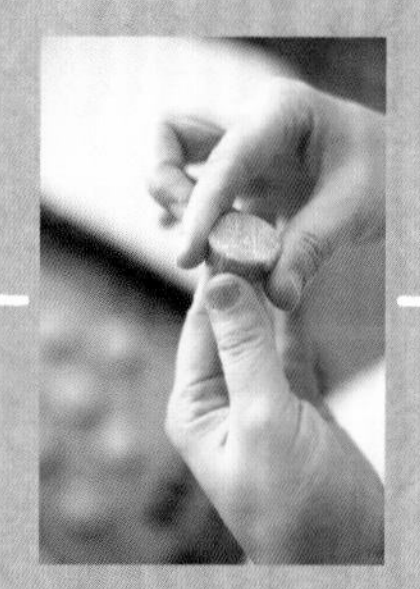

把邊緣碎掉的麵糰以手指重新調揉整狀後，間隔排列於鋪好烘焙紙的烤盤上。就算麵糰的邊緣或形狀有點不規則，看上去也挺可愛的，所以大略調整即可。

以180℃烤箱烤15分鐘左右。

手工製作方法

奶油置於室溫下回軟。我是以微波爐（200W）一邊觀察一邊加熱。要讓奶油軟化至以手指輕壓即可陷落的程度才行。

把奶油、紅糖、鹽放入鋼盆內，以打蛋器攪拌均勻。如果用食物調理機，不一會兒就混合好了（笑）。

綜合堅果餅乾

材料（直徑4cm大小約24片）
低筋麵粉　75g
無鹽奶油　50g
楓糖（或細砂糖）　30g
鹽　1小撮
核桃　20g
杏仁片　20g
開心果　10g

前置準備
+ 堅果類以160℃烤箱烤6至8分鐘，冷卻備用。
+ 奶油切成邊長1.5cm，置於冰箱冷藏。
+ 烤盤內鋪上烘焙紙。

作法
1 食物調理機內放入低筋麵粉、楓糖、鹽，啟動機器約3秒，快速拌勻。
2 在步驟1裡加入奶油，重複操作機器的開關鍵，待奶油和粉類混合後，再加入堅果，重複機器的開關鍵，直至整體材料變成一塊完整的麵糰後，從機器內取出。
3 把麵糰略微壓平，放入塑膠帶內或以保鮮膜包起，放入冰箱冷藏至少30分鐘。
4 烤箱以170℃預熱。把從冰箱取出的麵糰以刀子切成24等分，每一份以雙手揉成圓球狀後，再略微壓扁（減少厚度），間隔排列於烤盤上。以170℃烤15分鐘左右即可。

手工製作方法
1 鋼盆內放入已在室溫下軟化的奶油，用打蛋器攪拌成柔軟乳霜狀，再加入楓糖和鹽，持續攪拌直至顏色變淡且柔軟蓬鬆為止。
2 在步驟1裡加入過篩的低筋麵粉和切碎的堅果，以矽膠抹攪仔細攪拌直至粉末消失且完全混合為止。
3 將鋼盆內的材料整合成一塊完整的麵糰後，放入冰箱冷藏。接下來的作法請參考上方食物調理機版的步驟3。

現在，請跟著我一起作。

首先，完成準備工作

把堅果放入耐熱容器內，以160℃的烤箱烘烤約6至8分鐘，使其散發香氣。從烤箱內取出後，冷卻備用。

製作麵糰

在食物調理機內倒入按照食譜份量的低筋麵粉、楓糖、鹽，啟動機器約3秒，快速混合。

因為我習慣先把奶油切成1.5cm的塊狀，所以在這個步驟才測量份量。也可以先量好需要的奶油份量，再切成方塊，冷藏備用。

把冰涼的奶油塊分散開來放在粉類上。

反覆操作機器的開關鍵，直至材料變成鬆散的小塊狀。

這時加入烘烤過後的堅果，再次反覆操作機器的開關鍵。持續攪拌直至所有材料混合成一塊完整的麵糰後即可。

把麵糰移入塑膠袋中。

醒麵

在塑膠袋上方以雙手把麵糰壓扁。因為之後需要把麵糰切開，所以最好按壓成薄薄的四方形。送入冰箱冷藏至少30分鐘（這裡我放了隔夜）。

揉整

烤箱以170℃預熱。

這時麵糰是又脆又涼的狀態，可以用刮板或刀子切開。

今天我們切成24等分。

一塊一塊放在手心上，利用手的溫度軟化麵糰的同時，快速地揉成略扁的圓球形。

把小麵糰間隔排列於鋪了烘焙紙的烤盤上，用手指壓出最後的形狀。重複此動作。

烘烤

以170℃烤箱烤15分鐘左右。若麵糰較多、一個烤盤擺不下，可另取一個烤盤，裝入剩下的麵糰後一起烤。

出爐後，餅乾直接在烤盤上放涼即可。如果趕時間，可把餅乾移至網架上，放在涼爽處降溫冷卻。

關於工具

作甜點的時候，會用到一些和作料理時不同的工具。如果能夠備齊這些需要的工具，作起來真的很方便。手邊有了好用的工具，不但能夠省下許多工夫，作好的點心也會更好吃哦！

✚製作甜點時的必備工具

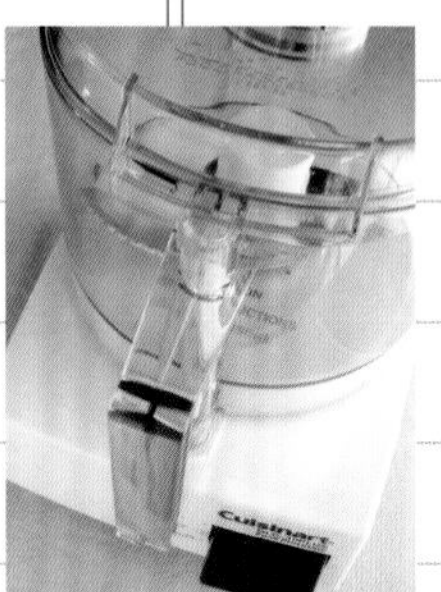

食物調理機

餅乾、各式塔派、司康等等，只要有一台食物調理機，按下開關，馬上就能變出最完美的麵糰。調理機不僅可以把杏仁或核桃這類堅果打碎作成自製的杏仁粉、核桃粉，也可以把像起司蛋糕這種不需打發起泡的麵糰，攪拌得柔滑細緻。我的機器是美國（美膳雅CUISINART公司）生產的1.9公升機種。

電動攪拌器

以手操作打蛋器攪拌蛋白製作糖霜或打散雞蛋這類工作，實在很辛苦。有了這個機器，無論是戚風蛋糕、蛋糕卷、軟綿綿的奶油蛋糕，都可以輕鬆完成。打發起泡的結尾要調成低速，有如像是雙手轉動機器般的方式進行，就可以打出綿密細緻的糖霜。

矽膠刮刀

攪拌混合材料時幾乎不可或缺的必備品。材質是耐熱性強的矽膠，刀面部分不會太軟也不會太硬，恰到好處的韌性是這個商品好用的原因。如果多準備一個刀面尺寸較小的小刮刀，遇到需要從小鋼盆或是瓶子裡取出材料時，也會更順手。

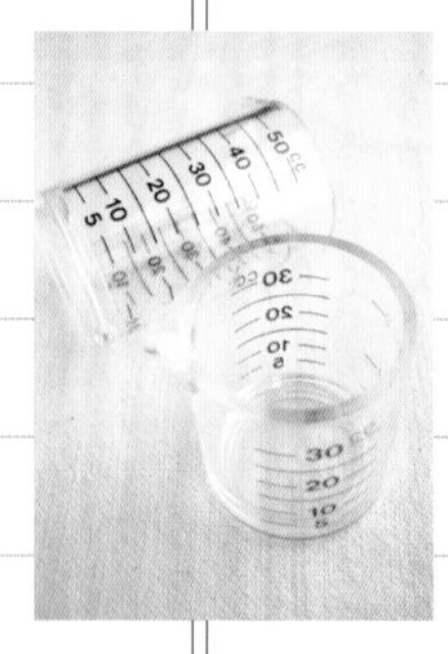

計量用工具

在計量時最常用到的，就是電子磅秤。另外，大量匙和小量匙也很重要，還有需要測量少量液體時，比起湯匙，圖片中這種小量杯也更方便。由於可以事先量好，放在一旁備用，整個甜點的製作過程也變得更流暢。一般的超市即可買到。

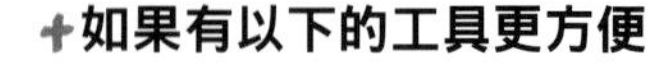

✚如果有以下的工具更方便

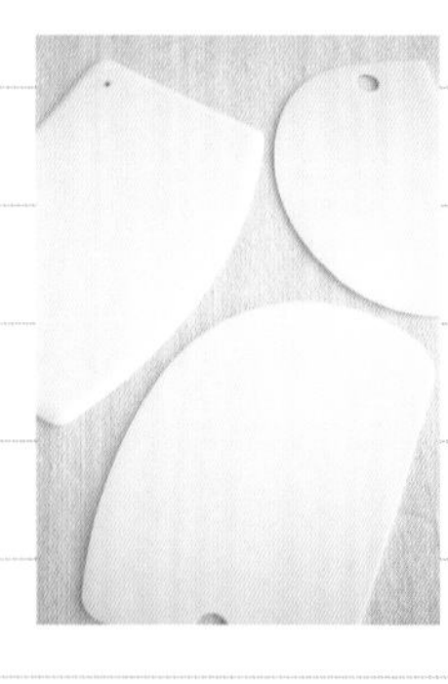

刮板

用於切開並混合司康或派皮麵糰的奶油和粉類，也可以將倒入模型內的麵糊表面刮平。輕鬆快速地拌勻材料，挖舀麵糰，或是把黏在鋼盆或平檯上的麵疙瘩徹底刮乾淨等等，刮板讀用途廣泛，實在難以盡述。作甜點時如果有一塊刮板，事半功倍。

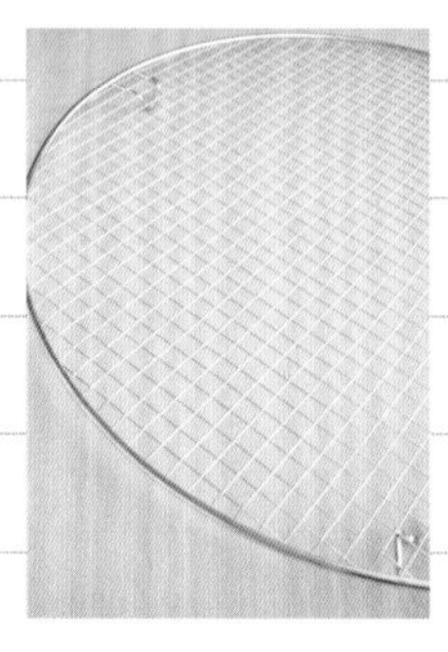

網架

為了使出爐的點心能更有效率地降溫散熱的工具。有多種款式可選，我覺得挑選網眼較小、就算放置小餅乾也不會掉落的款式。使用烤箱內的隔層網架也能勉強替代。

烘焙紙

撕一大張可以鋪在烤盤內，也可以剪成小張鋪在模型裡，這種薄而透明的質地，當成包裝紙也很可愛。圖片下方的Silpat，是以矽膠材質和特殊纖維製成的耐熱烘焙墊（烤盤布）。經常烤餅乾或蛋糕，比起用完即扔的烘焙紙，烘焙墊更好用，也更經濟。

小型單柄鍋

煮焦糖醬、醬汁或少許水果的時候，相當方便。我最常使用的是直徑14cm的單柄鍋。厚實的琺瑯質地，熱度傳導較均勻也不容易煮焦，用這樣的鍋子來作焦糖醬，相對較容易成功。若選用樹脂加工的材質，優點是事後的清洗會方便許多。

part

2

基本款奶油蛋糕

奶油蛋糕會隨著時間而增添風味，滋味也會變得更美妙，

從蛋糕出爐開始的美好，就這麼延續多日可以慢慢享用。

此外，就算不添加任何的裝飾，只要改變烘烤時的形狀，

即使是相同的材料麵糰，也能輕鬆變化出不同的樣貌和風格，相當有趣。

我喜歡烤一個大大的蛋糕，切開來熱鬧地招待朋友，

或烤只有一、二口大小的迷你蛋糕，

又或烤成咕咕洛夫、心形或花形等，都令人愛不釋手。

原味磅蛋糕

這是一款極為簡單的奶油蛋糕。雖然簡單但卻不單純，因為想吃原味的奶油蛋糕，所以在磅蛋糕的基本比例配方（黃金配方！）中，也就是所謂的4個¼（法文Quatre-quarts，意指使用了麵粉、砂糖、奶油、雞蛋的蛋糕），努力地把份量加加減減，好不容易才調整出這個最滿意的配方比例。

雖然看起來是個平凡無奇的蛋糕，但是選用的材料好壞卻能直接左右蛋糕的美味與否。質地細緻的低筋麵粉、沒有經過密封包裝的發酵奶油、蛋黃和蛋白的顏色分明的新鮮雞蛋，這些都是我在作蛋糕時堅持的重點。

以這個原味磅蛋糕為基礎，加上水果乾或糖漬果皮，或添加一點除了蘭姆酒之外的其他酒類，又或不加任何酒的版本，各種口味都可以試作看看哦！

材料（適用18×8×6cm磅蛋糕模1個）
低筋麵粉　100g
泡打粉　⅓小匙
無鹽奶油（若使用發酵奶油更好）　100g
細砂糖　95g
蛋黃　2個
蛋白　2個份
牛奶　1大匙
蜂蜜　1大匙
蘭姆酒　1大匙

前置準備
+ 奶油置於室溫下回軟。
+ 模型內鋪上烘焙紙或塗上奶油後，再撒上一些麵粉（皆為份量外）。
+ 低筋麵粉和泡打粉混合後過篩，備用。
+ 烤箱以170℃預熱。

作法
1 鋼盆內放入已在室溫下軟化的奶油，以打蛋器攪拌成柔軟乳霜狀，再加入一半分量的細砂糖，持續攪拌直至顏色變淡且柔軟蓬鬆為止。
2 蛋黃一顆一顆分開加入步驟1內，同時仔細拌勻，依序加入牛奶、蜂蜜、蘭姆酒，每加入一樣材料都必須充分攪拌均勻。
3 另取一鋼盆，放入蛋白，再慢慢倒入剩下的半分細砂糖，同時打發起泡，作出富有光澤且綿密緊實的蛋白糖霜。
4 在步驟2的鋼盆內，加入1勺步驟3的糖霜，以打蛋器以畫圓的方式拌勻。接著換矽膠刮刀，依序加入一半粉類→一半糖霜→剩下的粉類→剩下的糖霜，這時注意不要過度攪拌（以免破壞糖霜泡沫），快速俐落地混合成帶有光澤的麵糊。
5 把麵糊倒入模型內，整平表面，以170℃烤箱烘烤約40分鐘。出爐後，取1根長竹籤刺入蛋糕內，如果沒有沾附麵糊，表示烘烤完成。從模型內取出放涼即可。

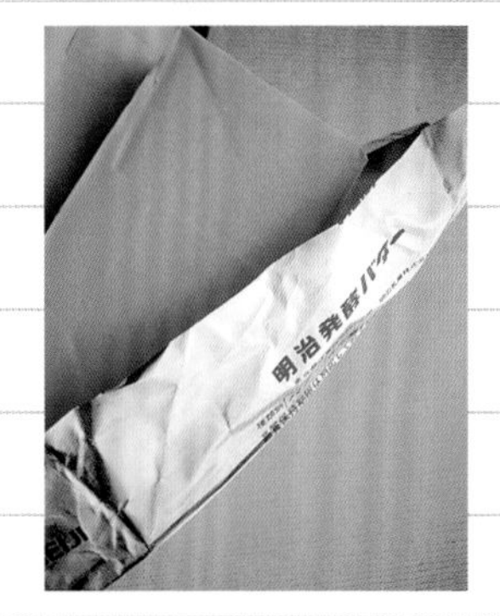

所謂的發酵奶油，
是在製作奶油的原料裡加入乳酸菌，
使其發酵後完成的奶油。
擁有豐富的層次口感和隱約的酸味。
我喜歡它那獨特的香氣，
在製作甜點時加入一些，
就能增添美妙的風味，差異相當明顯，
彷彿有種能把點心向上提升至
另一個層次的魔力。
用不完的發酵奶油可以切成小塊後冷凍保存。
在一般烘焙材料行即可購得。

水果蛋糕

水果蛋糕是指加入了許多晶瑩剔透的水果乾，飄散蘭姆酒或白蘭地酒香，充滿味蕾上的刺激，顏色呈現淡褐色的奶油蛋糕。不過，製作的水果蛋糕是以原味磅蛋糕為基礎，所以輕輕鬆鬆即可完成，就像是普通版的水果蛋糕。

加入蛋糕內的水果，我選用柔軟的綜合糖漬水果。混合了九種不同風味的水果，味道雖甜但卻不膩，搭配蛋糕剛剛好。由於果乾帶有糖漿的水分，因此蛋糕得以吸收果汁和糖漿，出爐後柔軟濕潤的口感恰到好處。

材料（18×8×6cm磅蛋糕模型1個）
低筋麵粉　100g
泡打粉　⅓小匙
無鹽奶油（最好是發酵奶油）　100g
細砂糖　95g
蛋黃　2個
蛋白　2個份
牛奶　1大匙
蘭姆酒　1大匙
檸檬汁　1大匙
綜合糖漬水果　100g

前置準備
+ 奶油置於室溫下回軟。
+ 模型內鋪上烘焙紙或塗上奶油後，再撒上一些麵粉（皆為分量外）。
+ 低筋麵粉和泡打粉混合後過篩，備用。
+ 烤箱以170℃預熱。

作法
1 鋼盆內放入已在室溫下軟化的奶油，以打蛋器攪拌成柔軟乳霜狀，再加入一半分量的細砂糖，持續攪拌直至顏色變淡且柔軟蓬鬆為止。
2 蛋黃一顆一顆分開加入步驟1內，同時仔細拌勻，依序加入牛奶、蘭姆酒、檸檬汁，每加入一樣材料都必須充分攪拌均勻，最後加入糖漬水果，稍微拌勻。
3 另取一鋼盆，放入蛋白，再慢慢倒入剩下的半分細砂糖，同時打發起泡，作出富有光澤且綿密緊實的蛋白糖霜。
4 在步驟2的鋼盆內，加入1勺步驟3的糖霜，用打蛋器以畫圓的方式拌勻。接著換矽膠刮刀，依序加入一半粉類→一半糖霜→剩下的粉類→剩下的糖霜，這時注意不要過度攪拌（以免破壞糖霜泡沫），快速俐落地混合成帶有光澤的麵糊。
5 把麵糊倒入模型內，整平表面，以170℃烤箱烘烤約40分鐘。出爐後，取1根長竹籤刺入蛋糕內，如果沒有沾附麵糊，表示烘烤完成。從模型內取出，放涼即可。

這裡以磅蛋糕模型來作示範，
當然也可以其他小型的模型替代。
當成禮物或伴手禮的機會相當常見，
小巧可愛的點心，
既不會太過隆重，又可愛討喜。
而且，不用切開就可直接享用，
也是小點心受歡迎之處。

我愛用的綜合糖漬水果，
是混合了白桃、葡萄乾、蘋果、柳橙、櫻桃、梨子、杏桃、鳳梨這幾種水果。
選用果肉多汁且柔軟有彈性的混合水果，
不過會說使用這種柔軟的糖漬水果更好的原因，是因為自己喜歡啦！

下圖是以模型
烤出來的咕咕洛夫蛋糕。
同樣的麵糊，
造形改變後，
似乎味道也變得
有點不同呢！

焦糖蛋糕

最喜歡焦糖口味的甜點了！這是我一度迷戀焦糖時最愛的奶油蛋糕。作點心時不可或缺的焦糖醬，一定要煮到徹底發散出略焦的苦味，和蛋糕麵糰完全混合在一起的味道才能達到完美的平衡點，所以我會把焦糖醬煮到變成像醬油的顏色那麼深。畢竟只有甜味的蛋糕是不能滿足我的啊！我的目標是要作出香甜中帶有明顯卻溫醇的苦味，像大人戀情般的焦糖蛋糕。

材料（18×8×6cm磅蛋糕模型1個）
低筋麵粉　110g
泡打粉　½小匙
無鹽奶油　100g
細砂糖　110g
雞蛋　2個
焦糖醬
細砂糖　60g
鮮奶油　60ml

前置準備
+ 奶油和雞蛋置於室溫下回軟和回溫。
+ 模型內鋪上烘焙紙或塗上奶油後，再撒上一些麵粉（皆為份量外）。
+ 低筋麵粉和泡打粉混合後過篩，備用。

作法
1 首先製作焦糖醬。在小鍋中放入細砂糖，以中火加熱，煮至喜好的顏色後熄火。倒入加熱過後的鮮奶油（可用另一個小鍋子或微波爐加熱），以木杓或是耐高溫的矽膠刮刀攪拌至顏色均勻（倒入熱的鮮奶油時，小心鍋內的糖漿可能會噴濺出來）不時攪拌一下，直至完全冷卻為止。
2 烤箱以170℃預熱。鋼盆內放入已在室溫下軟化的奶油，以打蛋器攪拌成柔軟乳霜狀，再加入細砂糖，持續攪拌直至顏色變淡且柔軟蓬鬆為止。
3 把步驟1的焦糖醬加入步驟2裡，攪拌直至呈現柔滑狀。顏色均勻之後再慢慢倒入已打散的蛋液，仔細拌勻。
4 接著加入已過篩的粉類，以矽膠刮刀快速俐落地拌勻（不要過度攪拌），直至麵糊呈現光澤感即可。
5 把麵糊倒入模型內，整平表面，以170℃烤箱烘烤約40分鐘。出爐後，取1根長竹籤刺入蛋糕內，如果沒有沾附麵糊，表示烘烤完成。從模型內取出放涼即可。

在小鍋裡放入砂糖後以中火加熱，
耐心等待砂糖完全融化（切勿搖晃鍋子！）。
在觀察鍋中情況的同時，
會發現不須多久，砂糖就從邊緣處開始溶解，
飄散出香味的同時，顏色也漸漸變深。
待顏色變成褐色後，再輕輕地搖晃鍋子，
使糖漿均勻混合。
繼續加熱濃縮，最後糖漿會變成略焦的深褐色，
最後出現濃得像醬油一樣的顏色就完成了。
之後再和鮮奶油混合，
帶有強烈卻溫醇苦味的焦糖醬就完成囉！

同樣的材料，
使用直徑10cm的咕咕洛夫模型，
剛好可以烤4個。
這種模型因為有凹槽，
在內側塗抹奶油時，要以刷子仔細塗勻。

我都是以這款小模型
來烤咖啡核桃蛋糕。
食譜的份量，
剛好適用這個直徑7cm的
小半圓模型8個。
也可以用馬芬模型或
布丁杯替代哦！

咖啡核桃蛋糕

在咖啡口味的麵糰裡加入了核桃，就是咖啡核桃蛋糕。以磅蛋糕模型來烤也可以，不過我通常是以小模型，烤成有如馬芬般大小，三兩下就可以解決一個。大部分的奶油蛋糕都是出爐後隔天，甚至隔兩天後，美味的程度會隨著時間不斷地提高，唯獨這個口味是剛出爐後一會兒，還有餘溫時趁熱享用，才是最佳時機。這個時候表層酥脆，切開後中間卻相當柔軟，甚至飄出淡淡的咖啡香，這才是最好吃的timing。

為了品嚐剛剛出爐的點心，我會舉辦像是「鬆餅派對」或是「司康派對」這類的活動。這麼說來，倒是沒有舉辦過為了享用剛出爐的馬芬或是奶油蛋糕的聚會呢！看來，得召開一次「來嚐嚐剛剛出爐的咖啡核桃蛋糕派對」吧！

材料（18×8×6cm磅蛋糕模型1個）
低筋麵粉　110g
泡打粉　½小匙
無鹽奶油　110g
雞蛋　2個
即溶咖啡　2大匙
咖啡酒　1大匙
核桃　50g

前置準備
+ 奶油和雞蛋置於室溫下回軟和回溫。
+ 模型內鋪上烘焙紙或塗上奶油後，再撒上一些麵粉（皆為份量外）。
+ 低筋麵粉和泡打粉混合後過篩，備用。
+ 烤箱以170℃預熱。

有咖啡香氣的咖啡酒KAHLUA。
除了製作咖啡口味的點心不能沒有它之外，
其實它和巧克力口味也很對味。
有時候在作巧克力口味的點心時，
也會派上用場。

作法
1. 以咖啡酒溶化即溶咖啡。核桃切成喜好大小。
2. 鋼盆內放入已在室溫下軟化的奶油，以打蛋器攪拌成柔軟乳霜狀，再加入細砂糖，持續攪拌直至顏色變淡且柔軟蓬鬆為止。
3. 在步驟2裡加入已打散的蛋液，仔細混合，再倒入步驟1的咖啡液，全部混勻。
4. 接著加入已過篩的粉類，以矽膠刮刀快速俐落地拌勻（注意不要過度攪拌），直至麵糊呈現光澤感即可。最後加入核桃，略略拌勻。
5. 把麵糊倒入模型內，整平表面，以170℃烤箱烘烤約40分鐘。出爐後，取1根長竹籤刺入蛋糕內，如果沒有沾附麵糊，表示烘烤完成。從模型內取出放涼即可。

這是以普通的磅蛋糕模型烤出來的咖啡核桃蛋糕。
切開後，咖啡的香濃氣味立刻飄散開來，
咬一口就可吃到爽脆的核桃。
若你喜歡核桃想多放一些也可以哦！

我試著以小紅茶罐所烤出來的成果。
材料為右頁的份量，
可以烤出4.5×4.5×6 cm高
大小約6個。
把罐子洗淨，徹底乾燥後，
在內側薄塗上一層奶油，
再撒上一點麵粉；
或直接鋪上烘焙紙後，
倒進麵糊即可送入烤箱。

紅茶蛋糕

我曾經有過一段對於紅茶相當執著的時期。蒐集了許多不同品種的茶葉，依照當天的心情更換不同的口味，有時也會試著混合幾種不同的茶葉。雖然那個時期也相當快樂，不過如今對於紅茶的選擇已經趨於單純，比起當初冷靜又理性多了。

最近我最常喝的是錫蘭紅茶。比綠茶多了一道發酵的過程，紅茶喝來有種令人放鬆的作用。我們家的必備茶款是立頓藍罐EXTRA QUALITY CEYLON的錫蘭紅茶，無論風味、澀度和香氣都是能讓人安心享用的紅茶。另一款茶雖然不是錫蘭紅茶，但也是我們長期愛喝的一款茶，就是TAYLORS OF HARROGATE這個品牌最優秀的混合茶YORKSHIRE GOLD，是一款無論單喝或作成奶茶都相當適合的好茶，回沖後也一樣好喝。

在這款紅茶蛋糕裡，我加了些許份量不會影響紅茶風味的杏仁粉，蛋糕的風味可能會接近堅果奶茶（Nuts Milk Tea）。搭配上等的烏巴紅茶（UVA）或汀布拉紅茶（Dimbula）非常適合，或是以阿薩姆調出來的印度香料奶茶也很對味。此外，與肉桂奶茶的組合更是令人驚豔哦！

材料（適用18×8×6cm磅蛋糕模型1個）
低筋麵粉　90g
泡打粉　½小匙
杏仁粉　30g
無鹽奶油　100g
細砂糖　90g
雞蛋　2個
牛奶　1大匙
紅茶葉　4g（紅茶包2包）

前置準備
+ 奶油和雞蛋置於室溫下回軟和回溫。
+ 模型內鋪上烘焙紙或塗上奶油後，再撒上一些麵粉（皆為份量外）。
+ 低筋麵粉和泡打粉混合後過篩，備用。
+ 紅茶葉磨成細末（若使用茶包則不需處理）。
+ 烤箱以170℃預熱。

作法
1. 鋼盆內放入已在室溫下軟化的奶油，以打蛋器攪拌成柔軟乳霜狀，再加入細砂糖，持續攪拌直至顏色變淡且柔軟蓬鬆為止。
2. 慢慢倒入已打散的蛋液於步驟1內，同時仔細拌勻，然後依序加入杏仁粉、牛奶、紅茶葉，每加入一樣材料都必須充分攪拌均勻。
3. 接著加入已過篩的粉類，以矽膠刮刀快速俐落地拌勻（注意不要過度攪拌），直至麵糊呈現光澤感即可。
4. 把麵糊倒入模型內，整平表面，以170℃烤箱烘烤約40分鐘。出爐後，取1根長竹籤刺入蛋糕內，如果沒有沾附麵糊，表示烘烤完成。從模型內取出放涼即可。

這是我喜歡的文庫版大小的紅茶書。
以A to Z形式寫下了和紅茶相關的種種知識，
中間的插圖更增添了閱讀時的樂趣。
雖然是英文書，但書末附有解說，
所以很容易閱讀（講談社國際刊）。

©RIE MATSUBARA

最近經常喝的紅茶立頓藍罐，
EXTRA QUALITY CEYLON和
TAYLORS OF HARROGATE的
YORKSHIRE GOLD。
大家不妨也試試看。

柳橙紅茶蛋糕

這是一款結合了柳橙和紅茶清香的奶油蛋糕。加入了由蛋白打發而成的糖霜，口感變得鬆軟而有彈性。這裡使用的紅茶品種，最好是跟柳橙最搭調的柑橘風味的伯爵茶。至於糖漬橙皮的份量，則為了不影響紅茶的香味，所以放得不多，大家可以視喜好增減。

伯爵茶的世界裡，雖然名字都相同，但是依據品牌的不同，味道也各異其趣。從溫潤甘甜到充滿個性的濃烈口味，香氣散發的強弱程度有著相當不同的差異，可以多喝、多試作、多比較，也是樂趣之一。

材料（適用18×8×6cm磅蛋糕模型1個）
低筋麵粉　110g
泡打粉　½小匙
無鹽奶油　100g
細砂糖　100g
蛋黃　2個
蛋白　2個份
鮮奶油　50ml
橙酒（Grand Marnier）　1大匙
紅茶葉　4g（紅茶包2包）
糖漬橙皮（切碎）60g

前置準備
+ 奶油置於室溫下回軟。
+ 模型內鋪上烘焙紙或塗上奶油後，再撒上一些麵粉（皆為份量外）。
+ 低筋麵粉和泡打粉混合後過篩，備用。
+ 紅茶葉磨成細末（若使用茶包則不需處理）。
+ 烤箱以170℃預熱。

作法
1. 鋼盆內放入已在室溫下軟化的奶油，以打蛋器攪拌成柔軟乳霜狀，再加入一半分量的細砂糖，持續攪拌直至顏色變淡且柔軟蓬鬆為止。
2. 蛋黃一顆一顆分開加入步驟1內，同時仔細拌勻，然後依序加入鮮奶油、橙酒、紅茶葉、糖漬橙皮，每加入一樣材料都必須充分攪拌均勻。最後加入糖漬水果，稍微拌勻。
3. 另取一鋼盆，放入蛋白，再慢慢倒入剩下的半分細砂糖，同時打發起泡，作出富有光澤、綿密緊實的蛋白糖霜。
4. 在步驟2的鋼盆內，加入1勺步驟3的糖霜，以打蛋器以畫圓的方式拌勻。接著換矽膠刮刀，依序加入一半粉類→一半糖霜→剩下的粉類→剩下的糖霜，這時注意不要過度攪拌（以免破壞糖霜泡沫），快速俐落地混合成帶有光澤的麵糊。
5. 把麵糊倒入模型內，整平表面，以170℃烤箱烘烤約40分鐘。出爐後，取1根長竹籤刺入蛋糕內，如果沒有沾附麵糊，表示烘烤完成。從模型內取出後，放涼即可。

我也試作了可愛的心形蛋糕。
6 cm高的模型約可烤6個。
模型內側薄塗上奶油後再撒上麵粉，
不過心形前端有點角度，要注意喔！

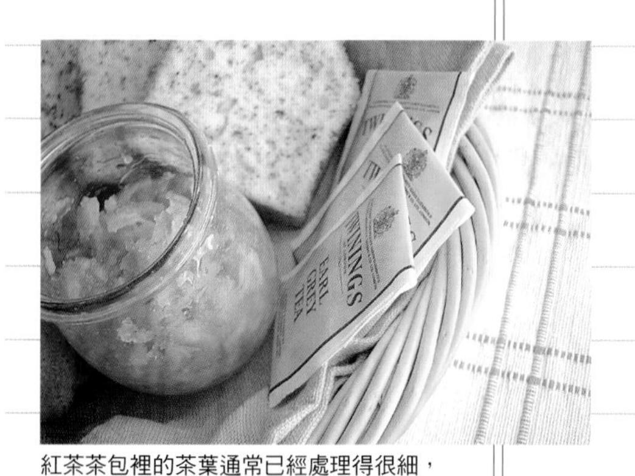

紅茶茶包裡的茶葉通常已經處理得很細，
所以如果選用茶包來製作，直接使用即可。
連計量份量的步驟都可以省去，相當方便。
今天選用的是TWININGS伯爵茶，
味道平易近人，有種溫和的甘甜，
無論誰都會喜歡。
價格也很親民，可以大大方方地使用，
也是我喜歡的原因。
順帶一提，愛用的糖漬橙皮是質地柔軟、
濕潤入味的種類。

紅茶蜜棗奶油蛋糕

這是針對和與友人喝下午茶，或一個人看DVD享受獨處時光而設計的奶油蛋糕。喜歡的調味紅茶中，有一款名為「Rum Wiener Tea」，是我在一邊喝這款茶的同時，一邊吃著蜜棗作為茶點，靈機一動想出這款蛋糕食譜（笑）。

Rum Wiener Tea的作法，是在杯子裡放入少量的蘭姆酒和砂糖後，倒入熱紅茶，在上面點綴些許發泡鮮奶油而成。這是我以前上紅茶課程時學會的配方，紅葉的品種最好選擇適合作成奶茶的「烏巴Uva」或「汀布拉Dimbula」，調味用的糖則以冰糖味道最好。鮮奶油會略微提高蘭姆酒的甜度，可視個人喜好增減。Rum Wiener Tea的冰茶版本也很好喝哦！

棗子乾燥後作成的蜜棗，其實相當有營養價值。除了富含維他命、礦物質和食物纖維之外，也有殺菌和平衡酸鹼值的作用。可以加在優格裡、在料理中，有段時間我甚至以紅茶浸泡使其恢復柔軟度，放在冰箱冷藏保存。現在半乾燥處理的蜜棗已經不難找到，我時不時就會吃一點。這是對女性健康有益的食材，當然要多吃一點才好啊！

材料（適用21×8×6cm磅蛋糕模型1個）
低筋麵粉　100g
泡打粉　¼小匙
無鹽奶油　100g
細砂糖　80g
蛋黃　2個
蛋白　2個份
牛奶　1大匙
蜂蜜　1大匙（20g）
鹽　1小撮
紅茶葉　4g（紅茶包2包）
糖漬橙皮（切碎）60g
蜜棗（最好是半乾燥）　60g
蘭姆酒　1大匙

前置準備
+ 奶油置於室溫下回軟。
+ 紅茶葉磨成細末（若為茶包則可直接使用）。
+ 蜜棗切成小碎塊，淋上蘭姆酒。
+ 低筋麵粉、泡打粉、鹽，混合後過篩備用。
+ 模型內鋪上烘焙紙，或塗上奶油後再灑上一些麵粉（皆為份量外）。
+ 烤箱以160℃預熱。

作法
1. 鋼盆內放入已在室溫下軟化的奶油，以打蛋器或是電動攪拌器攪拌成柔軟乳霜狀，再加入一半份量的細砂糖，持續攪拌直至顏色變淡且柔軟蓬鬆為止。然後依序加入：蛋黃（一顆一顆分開加入）、蜂蜜、紅茶葉、蜜棗，每加入一樣材料時都充分攪拌均勻。
2. 另取一鋼盆，放入蛋白，再慢慢倒入剩下的半分細砂糖，同時打發起泡，作出富有光澤、綿密緊實的蛋白糖霜。
3. 在步驟1的鋼盆內，加入1勺步驟2的糖霜，以打蛋器以畫圓的方式拌勻。接著換矽膠刮刀，依序加入一半粉類→一半糖霜→剩下的粉類→剩下的糖霜，以從盆底向上大動作翻拌的方式，快速俐落地混合成帶有光澤的麵糊。最後倒入牛奶，整體混勻。
4. 把麵糊倒入模型內，整平表面，以160℃烤箱烘烤約45分鐘。出爐後，取1根長竹籤刺入蛋糕內，如果沒有沾附麵糊，表示烘烤完成。從模型內取出放涼即可。

這是製作奶油蛋糕的基本程序。先讓奶油軟化至手指輕戳即可穿入的程度，加入細砂糖，以電動攪拌器將空氣打入其中的方式攪拌，直至質地變得柔滑如乳霜、顏色變淡，就完成打發的步驟了。

我平時喝紅茶，泡的是散裝茶葉。而已經過揉捻、處理得細碎的茶包茶葉，則是為了作點心時方便而準備。圖片中是TWINING的伯爵茶包。

我選用的蜜棗有非乾燥和半乾燥兩種不同的版本。如果找不到，以普通的乾燥蜜棗也行。去籽的蜜棗吃起來較順口，使用起來也方便。

楓糖蛋糕

在熱呼呼的美式鬆餅上，放一塊四角形的奶油，再淋上滿滿的楓糖漿。融化後的奶油融和了楓糖的香甜，品嚐幸福的美妙滋味。這款蛋糕便是由此而來的靈感。因為我相當喜愛楓糖的天然甜味，家中經常備有楓糖塊或楓糖漿。

楓樹的英文名字是Maple，楓葉的形狀也十分可愛，製作楓糖口味的點心時，可以搭配使用楓葉形狀的模型，相當有趣。雖然為了實用取向，任何點心都通用的模型是必備的工具，不過製作點心時的玩樂心情或夢想，也不該輕易被忽略，不是嗎？

材料（21×8×6cm磅蛋糕模型1個）

低筋麵粉 90g
杏仁粉　20g
泡打粉 ¼小匙
無鹽奶油　90g
楓糖　50g
細砂糖　25g
雞蛋　2個
鮮奶油　2大匙
楓糖漿　1大匙
鹽　1小撮

前置準備

+ 雞蛋置於室溫下回溫。
+ 低筋麵粉、杏仁粉、泡打粉、鹽，混合後過篩備用。
+ 模型內鋪上烘焙紙，或塗上奶油後再撒上一些麵粉（皆為份量外）。
+ 烤箱以160℃預熱。

作法

1. 耐熱容器裡放入奶油、鮮奶油、楓糖漿，以微波爐或隔水加熱（底部接觸約60℃的熱水）的方式，使全部材料溶化。完成後不用移開熱水，保持溫度。
2. 在鋼盆內打入雞蛋後，以電動攪拌器打散，再加入楓糖和細砂糖，全部攪拌均勻。把鋼盆隔水加熱，攪拌器以高速打發鋼盆內材料，直至溫度加熱到與體溫差不多後，從熱水上移開，繼續攪拌至顏色變淡，質地變成濃稠液狀（撈起時，落下的蛋液形狀像緞帶般連續不斷）。接著把攪拌器轉成低速，慢慢把蛋液攪拌得更均勻更細緻。
3. 把步驟1的奶油分成2至3次，加入步驟2中，以打蛋器從底部向上翻拌的方式，俐落地拌勻。再加入粉類，把工具更換成矽膠刮刀，以同樣的手法（由底部向上翻拌），俐落地攪拌均勻。
4. 把麵糊倒入模型內，整平表面，以160℃烤箱烘烤約45分鐘。出爐後，取1根長竹籤刺入蛋糕內，如果沒有沾附麵糊，表示烘烤完成。從模型內取出放涼即可。

選擇楓糖時請注意，
磨成細緻粉末狀的糖粉
要比塊狀結晶的產品
使用起來更方便。
楓糖漿則會因為
品牌和濃度的不同，
在顏色和甜味的
強度上有所差異，
請依個人喜好選擇吧！

可可奶油蛋糕

製作甜點時所使用的可可粉，選用沒有甜度的純可可粉。使用過VAN HOUTEN之後，有好長一段時間我都只忠於Valrhona！不只作甜點，連熱可可也只喝Valrhona的。但是幾年前，我偷偷地想變心，於是試了PECQ公司的可可粉，沒想到我真的跟心目中最完美的可可粉相遇了。

可可的風味不僅完美地演繹出來，蘊含溫柔卻醇厚的勁道也毫無損傷地留在麵糊裡。當然，沖泡成熱可可時也同樣濃、醇、香。想要完成一道百分百的巧克力蛋糕，還可以添加巧克力脆片或切碎的巧克力，加入蘭姆葡萄乾也很搭哦！

材料（21×8×6cm磅蛋糕模型1個）
低筋麵粉　70g
可可粉　20g
泡打粉　⅓小匙
杏仁粉　30g
無鹽奶油　100g
細砂糖　50g
紅糖（或細砂糖）　20g
雞蛋　2個
蜂蜜（或果糖）　1大匙（20g）
牛奶　1大匙
鹽　1小撮

前置準備
+ 奶油和雞蛋置於室溫下回軟和回溫。
+ 蜂蜜和牛奶混合，稍微以微波加熱成平滑的液態狀，備用。
+ 低筋麵粉、可可粉、泡打粉、鹽，混合後過篩備用。
+ 模型內鋪上烘焙紙，或塗上奶油後再灑上一些麵粉（皆為份量外）。
+ 烤箱以160℃預熱。

作法
1. 鋼盆內放入已軟化的奶油，以打蛋器或電動攪拌器攪拌成柔軟乳霜狀，再加入細砂糖和紅糖，持續攪拌直至顏色稍為變淡、柔軟蓬鬆為止。
2. 依序加入打散的一半蛋液（慢慢倒入）和杏仁粉於步驟1內，每加入一樣材料時皆仔細拌勻，再慢慢倒入剩下的一半蛋液，全部攪拌均勻直至柔軟蓬鬆為止。
3. 接著加入已過篩的粉類，以矽膠刮刀從盆底向上翻拌的方式，手法俐落地混合均勻直至呈現光澤感。加入蜂蜜和牛奶，整體約略地攪拌混合一下即可。
4. 把麵糊倒入模型內，整平表面，以160℃烤箱烘烤約45分鐘。出爐後，取1根長竹籤刺入蛋糕內，如果沒有沾附麵糊，表示烘烤完成。從模型內取出放涼即可。

這是法國的PECQ公司生產的可可粉，擁有具層次感且溫潤的風味和顏色。

香草鬆糕

細緻、濕潤、柔軟……像飄在天空中的雲朵般，入口即融的輕盈口感。這道食譜是專門針對想作這款點心時，立刻就能在廚房開始動手作的配方，沒有任何特殊的材料。至於油的部分，從植物油開始，我一共試了葵花油、花生油、太白麻油、杏仁油等4種。無論是哪種油都滿好吃的，但總覺好像少了一味……結論是，奶油！食譜中最特殊的材料，要算是香草籽了。麵糊中混了香草籽確實能讓美味加分，待客時再用香草籽就好，平時以香草精替代就可以了。

考量到烘焙、脫模和切開的方便度，所以選用磅蛋糕模型。出爐後切成自己喜好的厚度，不再另加甜度，而是佐以發泡鮮奶油和果醬，就相當吸引人了。麵糊可以置於常溫下，或稍微冷藏使質地收緊，烤出來一樣好吃。或以烤布蕾的小杯子，烤成一人份的杯子蛋糕，在上面點綴鮮奶油和果醬，再以湯匙舀來吃，也挺可愛呢！

材料（21×8×6cm磅蛋糕模型1個）
低筋麵粉 60g
玉米粉　20g
泡打粉　⅓小匙
無鹽奶油　40g
糖粉　60g
蛋黃　2個
蛋白　1個份
牛奶　50ml
檸檬汁　1小匙
香草莢　½根
（或少量香草精）
鹽　1小撮

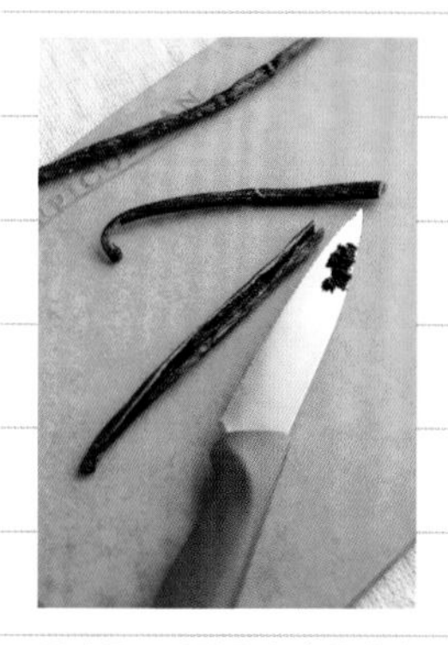

圖中是可以讓烤出來的甜點
增添甜味與誘人的香氣的香草籽。
從中間縱向剖開香草莢，
取出莢中的香草籽後使用。

前置準備
+ 低筋麵粉、玉米粉、泡打粉、鹽，混合後過篩備用。
+ 模型內鋪上烘焙紙。
+ 烤箱以160℃預熱。

作法
1. 在耐熱容器裡放入奶油，以微波爐或隔水加熱（底部接觸約60℃的熱水）的方式，使其融化。完成後不用移開熱水，保持溫度。
2. 在鋼盆內放入蛋黃，以打蛋器打散，再加入一半分量的糖粉，全部攪拌均勻成濃稠均勻的液狀。然後依序加入牛奶、檸檬汁、香草籽（香草根縱向切開後，取出種籽），每加入一樣材料時皆仔細地攪拌成柔滑狀。
3. 另取一鋼盆，放入蛋白，再慢慢倒入剩下的半分糖粉，同時以電動攪拌器打發起泡，作出富有光澤且綿密緊實的蛋白糖霜。
4. 在步驟2裡加入過篩後的粉類，以矽膠刮刀從盆底向上翻拌的手法，俐落地攪拌。然後倒入步驟3糖霜的⅓份量，同樣從盆底向上翻拌，拌勻後，全部倒回步驟3裡，同樣以盆底向上翻拌的手法，和剩下的蛋白糖霜混合。待糖霜的白色部分完全融合消失後，再把步驟1的奶油，以矽膠刮刀導流的方式，慢慢地倒入，在表面均勻地散開，然後再拌勻直至呈現柔滑狀。
5. 把麵糊倒入模型內，輕輕搖晃整平表面，放上烤盤後送入烤箱，同時在烤盤內注入約5mm高的熱水。以160℃烤箱隔水烘烤約40分鐘（中途就算水分乾掉也不需再加水）。出爐後，取1根長竹籤刺入蛋糕內，如果沒有沾附麵糊，表示烘烤完成。從模型內取出放涼即可。

奶油蜂蜜蛋糕風味海綿蛋糕

口感膨鬆、濕潤，混合著蔗糖簡單的香甜，再疊上蜂蜜的清香。在這道甜點裡需要用到蜂蜜，選擇味道單純、香氣溫和比較適合，所以建議使用蓮花蜜或洋槐花蜜。如果家裡的蜂蜜味道偏重，反而可以用它來取代細砂糖哦。

在京都有許多蜂蜜的專賣店，店內除了陳列許多不同顏色的蜂蜜之外，就連同品種中因濃淡而呈現不同顏色的蜂蜜也一併裝在瓶子陳列出來。也因此發現，「咦？原來還有這個品種！」然後興致勃勃地試吃。也可以買到和蜂蜜或蜜蜂相關的周邊商品，雖然我偶爾才去一趟京都，但只要進到蜂蜜專賣店就覺得好幸福。

不想大費周章，所以今天使用小的圓形模型。想要烤大一點尺寸的蛋糕時，直接把食譜份量加1倍，就是適合1個直徑約15至16cm的圓形模型或磅蛋糕模型。不過，手掌大小的圓形模型其實很實用。節慶蛋糕、起司蛋糕、巧克力蛋糕……這類通常作成大尺寸的蛋糕，一旦烤成小巧迷你的時候，那可愛的感覺就讓人覺得很值得啦！

材料（直徑10至12cm的圓形模型1個）
低筋麵粉　40g
無鹽奶油　30g
蔗糖（或細砂糖）　30g
雞蛋　1個
蜂蜜　½大匙
牛奶　½大匙

前置準備
+ 雞蛋置於室溫下回溫。
+ 低筋麵粉過篩備用。
+ 模型內鋪上烘焙紙或塗上奶油後，再撒上一些麵粉（皆為份量外）。
+ 烤箱以160℃預熱。

作法
1 取一個小鋼盆，放入奶油、蜂蜜、牛奶，以微波爐或隔水加熱（底部接觸約60℃的熱水）的方式，使其融化。完成後不用移開熱水，保持溫度。
2 另取一鋼盆，打散雞蛋，加入蔗糖後以電動攪拌器攪拌，直至顏色變淡、質地濃稠。然後倒入過篩後的麵粉，以矽膠刮刀從盆底向上翻拌的手法，俐落快速地拌勻。
3 把步驟1的奶油，以矽膠刮刀導流的方式，慢慢地倒入，在表面均勻地散開，再以同樣從底部向上翻拌的手法，混合均勻。
4 把麵糊倒入模型內，整平表面，以160℃烤箱烘烤約20至25分鐘。出爐後，取1根長竹籤刺入蛋糕內，如果沒有沾附麵糊，表示烘烤完成。從模型內取出後，放涼即可。

Nectaflor的蜂蜜不僅風味好，
方便使用的瓶身設計也很優秀。
只要打開蓋子擠壓瓶身，
蜂蜜就會流出來，
而且瓶口乾淨無殘留。

每當我想讓點心散發出樸素的甘甜時，
就會選用褐色的砂糖。
這裡用的是蔗糖，
當然也可以紅糖或黑糖來代替，
一樣好吃。

非常好用的直徑10cm至12cm的圓模。
無論是巧克力蛋糕、起司蛋糕、
節慶用的鮮奶油蛋糕，
作成這種小尺寸的圓形時，
立刻給人一種迷你版的可愛感覺，
也是很適合當成贈禮蛋糕的尺寸。

原味奶油蛋糕

在添加了杏仁粉和鮮奶油混合成具有層次風味的麵糊裡，再加上香草籽的香味，就完成了這款簡單卻濃郁的奶油蛋糕。原味的奶油蛋糕，是最容易被大家接受的一款甜點。不論是送禮或是收禮時，在綜合的甜點裡，只要搭配了原味奶油蛋糕，它溫和又平易近人的口味總讓人特別安心。

原味蛋糕的麵糊，也是其他不同口味蛋糕的基本原素。變換一下砂糖的種類，混入紅茶或是咖啡，把一部分的麵糰換成調味麵糰後烤成大理石的花紋，加入水果乾等等……透過這些小巧思作變化，蛋糕的種類和口味就會不斷地衍伸。我希望自己所喜歡的基本配方食譜，能夠越多越好。

材料（21×8×6cm的磅蛋糕模型1個）

低筋麵粉　90g
杏仁粉　10g
泡打粉　¼小匙
無鹽奶油　100g
細砂糖　90g
蛋黃　2個
蛋白　2個份
鮮奶油　2大匙
蘭姆酒　1大匙
蜂蜜　1小匙
香草莢　¼根
（或是少量香草精）
鹽　1小撮

前置準備

+ 奶油置於室溫下回軟。
+ 低筋麵粉、杏仁粉、泡打粉、鹽混合後過篩備用。
+ 模型內鋪上烘焙紙，或是塗上奶油後再撒上一些麵粉（皆為份量外）。
+ 烤箱以160℃預熱。

作法

1. 鋼盆內放入已在室溫下軟化的奶油，以打蛋器攪拌成柔軟乳霜狀，再加入一半份量的細砂糖和蜂蜜，持續攪拌直至柔軟蓬鬆，再依序加入：蛋黃（一顆一顆分開加入）、鮮奶油、蘭姆酒、香草籽（香草根縱向切開後，取出種籽），每加入一樣材料時都充分攪拌均勻。
2. 另取一鋼盆，放入蛋白，再慢慢倒入剩下的半份細砂糖，同時以電動攪拌器打發起泡，作出富有光澤且綿密緊實的蛋白糖霜。完成後，舀一杓糖霜放入步驟1的鋼盆內，以打蛋器畫圓的方式拌勻。
3. 在步驟2的鋼盆內，依序加入一半粉類→一半糖霜→剩下的粉類→剩下的糖霜，以矽膠刮刀從盆底向上大動作翻拌的方式（不要過度地細細攪拌），快速俐落地混合成帶有光澤的麵糊。
4. 把麵糊倒入模型內，整平表面，以160℃烤箱烘烤約45分鐘。出爐後，取1根長竹籤刺入蛋糕內，如果沒有沾附麵糊，表示烘烤完成。從模型內取出放涼即可。

將香草莢橫向切半，
再縱向剖開，取出香草籽，
此時的香草籽帶著一股濃郁的香氣，
放入糖罐中，讓香味轉移至砂糖上
製成香草砂糖。

藍莓果醬大理石蛋糕

總是暗自期盼，每當想烤藍莓口味的蛋糕時，如果能直接採收自家院子裡種的藍莓果實該有多好。我對園藝挺有興趣，可惜偏偏不是綠手指。每年春天，都信心滿滿地說：「來挑戰吧！」興緻勃勃地到大賣場採買植物花苗，然後認真地開始經營我的花園，可是一到夏天，我就跟自己說：「好熱啊……根本不想到院子裡曬太陽！」秋天的時候，比起整理院子裡的花花草草，我更喜歡下廚弄點好吃的；然後到了冬天，植物就枯光了。這就是一年四季的惡性循環。究竟我家的庭院能否有一天看起來像個真正的花園呢？

常聽人說，藍莓裡的花青素對眼睛很有幫助。添加在點心裡的藍莓份量並不多，所以無法期待吃了蛋糕眼睛就會很明亮；不過以對視力有益的藍莓來作甜點，這樣的心情倒是很令人愉快呀！

材料（21×8×6cm磅蛋糕模型1個）

低筋麵粉　100g
無鹽奶油　100g
細砂糖　90g
蛋黃　1個
蛋白　3個份
牛奶　1大匙
檸檬汁　1大匙
蜂蜜　1小匙
鹽　1小撮
藍莓果醬　50g

前置準備

+ 果醬裡的果肉顆粒如果太大，可先以叉子壓碎。
+ 混合低筋麵粉和鹽，過篩備用。
+ 模型內鋪上烘焙紙或塗上奶油後，再撒上一些麵粉（皆為份量外）。
+ 烤箱以160℃預熱。

作法

1. 取一個小鋼盆，放入奶油和牛奶，以微波爐或隔水加熱方式（底部接觸約60℃的熱水），使其融化。完成後不用移開熱水，保持溫度。
2. 另取一鋼盆放入蛋白後，以電動攪拌器攪拌，同時慢慢加入細砂糖打發起泡，作出富有光澤且綿密緊實的蛋白糖霜。再加入蛋黃，攪拌混合均勻。
3. 接著加入過篩後的粉類，以矽膠刮刀從盆底大動作向上翻拌的手法，仔細拌勻。待麵糊質地變得柔軟蓬鬆有光澤後，把步驟1的奶油，以矽膠刮刀導流的方式，慢慢地倒入，在表面均勻地散開，然後以同樣的從底部向上翻拌的手法，全部混合均勻。
4. 把⅓的麵糊倒入另一個鋼盆內，加入藍莓果醬，以抹刀拌勻。
5. 把2種麵糊隨意倒入模型內，以筷子在模型內的麵糊裡畫圓後，整平表面，以160℃烤箱烘烤約45分鐘。出爐後，取1根長竹籤刺入蛋糕內，如果沒有沾附麵糊，表示烘烤完成。從模型內取出放涼即可。

＊ 如果麵糊的量太多，磅蛋糕模型裝不完，也可以分裝在小的烤布蕾杯內，一起烘烤。

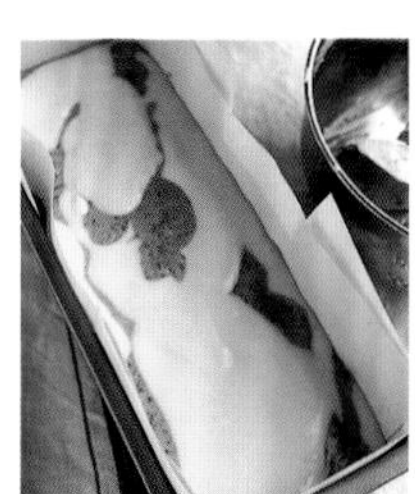

製作大理石花紋，
其實並沒有一定的技巧。
可以把調味麵糊倒入白色麵糊的鋼盆裡，
簡單混合一下後倒入模型內；
也可以把調味麵糊和白色麵糊
隨興地交錯倒入模型內，
最後以筷子在麵糊內畫圓。

起司核桃奶油蛋糕

以柔軟的奶油乳酪（Cream Cheese）和烤過壓碎的核桃攪拌混合後作成的抹醬，塗在貝果上享用，是我的私房吃法。雖然貝果也可以自己動手作，但是光想到「麵糰要先汆燙過再烤」，就令我望之卻步。所以我家的貝果通常是買現成或別人作好送給我的。

平常最愛吃的貝果，是京都烏丸北大路上的Brownie所販售的貝果。種類從基本的原味到微甜，甚至辣味都有，口味相當多，讓人得以盡情選購。有時候，在開車外出時的路上，也會隨意買些麵包店裡的貝果，以保鮮膜包好或裝入夾鏈袋，放入冰箱冷凍保存。

還有一種是商店裡買不到的珍貴貝果，那就是我的好友M自家烤的貝果。她請快遞送來一袋裝有各種不同口味的綜合麵包時，那份出乎意料外的驚喜感動，真是讓我感激涕零。有次當我心情沮喪、腦袋打結時，收到她送來許多不同口味的手工貝果當中，夾了一張加油打氣的字條。真的很謝謝她的細心關懷，還有幫我送來愛心的快遞先生。那一天收到的感動，打從心底深處溫暖了我，貝果的美味和感動的回憶，直至今天仍然鮮明地保留在我心裡。

材料（8×5cm橢圓形模型約8個）
低筋麵粉　55g
泡打粉　¼小匙
無鹽奶油　40g
起酥油　15g
蔗糖（或細砂糖）　40g
雞蛋　1個
楓糖漿　1大匙
鹽　1小撮
奶油乳酪（Cream Cheese）　40g
核桃　40g

前置準備
+ 奶油和雞蛋置於室溫下回軟和回溫。
+ 奶油乳酪切成邊長1cm，置於冰箱冷藏。
+ 核桃最好先以160℃的烤箱烘烤約6至8分鐘，涼了後再稍微切碎。
+ 低筋麵粉、泡打粉、鹽混合後過篩，備用。
+ 模型內塗上奶油後，再撒上些麵粉（皆為份量外）。
+ 烤箱以170℃預熱。

作法
1. 鋼盆內放入已軟化的奶油和起酥油，以打蛋器攪拌成柔軟乳霜狀，再加入細砂糖，持續攪拌直至顏色變淡、柔軟蓬鬆為止。最後慢慢地倒入打散的雞蛋蛋液，仔細地拌勻。
2. 在步驟1裡加入核桃後，以矽膠刮刀大致攪拌一下，再加入過篩後的粉類，不要過度地揉捻攪拌，而是俐落地快速混合，直至麵糊出現光澤柔滑感。再依序加入楓糖漿、奶油乳酪，整體拌勻。
3. 把麵糊倒入模型內，整平表面，以170℃烤箱烘烤約20至25分鐘。出爐後，取1根長竹籤刺入蛋糕內，如果沒有沾附麵糊，表示烘烤完成。從模型內取出放涼即可。

碎核桃和奶油乳酪的大小，
可視模型尺寸和下廚當天的心情而決定。
使用小的模型時就切小塊些，
使用大一點的模型時，
就可以讓核桃和乳酪的
存在感明顯一些。

把奶油一小部分替換成起酥油，
可以增加蛋糕口感的清爽度。
如果家中沒有起酥油，
也可以全部使用奶油。

把食譜份量加一倍，
以21×8×6cm的
磅蛋糕模型烤出來的大蛋糕，
即是圖中的大小。
烤箱溫度和時間為160℃、
45分鐘左右。

蔓越莓奶油蛋糕

口感膨鬆、濕潤，混合著蔗糖簡單的香甜，再疊上蜂蜜的清香。在這道甜點裡需要的蜂蜜，要選擇味道單純、香氣溫和的會比較適合，所以建議挑蓮花蜜或洋槐花蜜。如果家裡的蜂蜜味道偏重，反而可以用它來取代細砂糖哦！

在京都有許多蜂蜜的專門店，店內除了陳列許多不同顏色的蜂蜜之外，就連同品種中因濃淡而呈現不同顏色的蜂蜜也一併裝在瓶子，陳列出來。我也因此發現：「咦？原來還有這個品種！」然後興致勃勃地試吃。也可以買到和蜂蜜或蜜蜂相關的周邊商品，雖然我偶爾才去一趟京都，但只要進到蜂蜜專賣店，就覺得好幸福。

不想大費周章，所以今天使用小的圓形模型。想要烤大一點尺寸的蛋糕時，直接把食譜份量加1倍，就是適合1個直徑約15至16cm的圓形模型或是磅蛋糕模型。不過，手掌大小的圓形模型其實滿實用的。節慶蛋糕、起司蛋糕、巧克力蛋糕等等，這類通常作成大尺寸的蛋糕，一旦烤成小巧迷你的時候，那可愛的感覺就讓人覺得很值得！

材料（5.5×5.5×4cm烘烤紙杯10個）
低筋麵粉　100g
泡打粉　⅓小匙
無鹽奶油　90g
細砂糖　75g
雞蛋　2個
牛奶　1大匙
檸檬汁　½大匙
鹽　1小撮
蔓越莓果乾　80g
烘焙用白巧克力　30g
紅茶茶湯（或隨個人喜好的洋酒）　2大匙

甜甜的白巧克力和酸甜的蔓越莓，
是兩種相當對味的食材。
這裡我所使用的白巧克力，
雖然低調地幾乎
隱藏了它本身的味道，
但是那隱約的香甜卻能和
蔓越莓蛋糕的風味巧妙地結合，
所以我作了這樣的搭配。

前置準備
+ 奶油和雞蛋置於室溫下回軟和回溫。
+ 巧克力切成細的碎塊。
+ 混合低筋麵粉、泡打粉、鹽，過篩後備用。
+ 紅茶淋在蔓越莓果乾上，備用。
+ 烤箱以160℃預熱。

這張圖片是我以磅蛋糕模型，
烤出另一個普通的大型尺寸。
食譜份量剛好適用1個磅蛋糕模型，
以160℃烘烤45分鐘。
以花朵模型或咕咕洛夫的模型來烤，
蛋糕看起來也會更精緻華麗哦！

作法

1. 取一個小鋼盆，放入牛奶和白巧克力，鋼盆底部接觸約60℃的熱水，隔水加熱融化。或是以微波加熱方式融化也可以。
2. 另取一鋼盆，放入已在室溫下軟化奶油，以打蛋器攪拌成柔軟乳霜狀，再加入細砂糖，持續攪拌直至顏色變淡且柔軟蓬鬆為止。接著依序加入步驟1的白巧克力、已經打散的蛋液（慢慢倒入），每加入一樣材料時都要仔細拌勻。
3. 加入過篩後的粉類，不要過度地揉捻攪拌，而是以矽膠刮刀俐落地快速混合，直至麵糊出現光澤感。然後再加入檸檬汁和蔓越莓果乾，整體拌勻。
4. 把麵糊倒入模型內，以160℃烤箱烘烤約25分鐘。出爐後，取1根長竹籤刺入蛋糕內，如果沒有沾附麵糊，表示烘烤完成。從模型內取出放涼 即可。

薑汁蛋糕

薑、紫蘇、山椒、芹菜、青蔥等這類有著強烈香氣的食材，對於孩提時代的我是避之為恐不及的。吃壽司時，很長的時間完全不敢沾芥末。

雖然有著那樣的過去，但不知從何時開始，臣服於香草的魅力之下，對於香氣強烈的蔬菜也能夠歡喜地接受。和朋友間共享的樂趣之一，就是隨意地邊逛邊吃，體驗各式各樣不同的餐館，擴展自己在味覺上的視野。因為結了婚而買了一堆料理食譜書籍，受到其中彷彿散發出美味光暈的圖片所吸引，下定決心挑戰自己不擅長的食材。漸漸地，隨著年歲增長，驚訝於自己在味覺上的變化，「覺得好好吃而開心享用」的食物增加了，忍不住暗自竊喜。

以薑來入味作點心，是因為我已經長大了才能作得出來吧！默默思量著，憶起了一件往事，小時候，母親經常作冰涼的薑汁糖水，在京都，一到夏天大家都會喝薑汁糖水。最愛喝薑汁糖水的我，當時卻沒有發覺，那就是以薑味作成的飲料啊……

材料（18×8×6cm磅蛋糕模型1個）
低筋麵粉　100g
泡打粉　¼小匙
無鹽奶油　100g
紅糖　50g*
細砂糖　40g
雞蛋　2個
牛奶　1大匙
蜂蜜　1大匙
薑末　10g
*沒有紅糖也可以細砂糖替代

前置準備
+ 雞蛋置於室溫下回溫。
+ 模型內鋪上烘焙紙，或是塗上奶油後再撒上一些麵粉（皆為份量外）。
+ 混合低筋麵粉和泡打粉，過篩備用。
+ 烤箱以160℃預熱。

作法
1 取一個小鋼盆，放入奶油，鋼盆底部接觸約60℃的熱水，隔水加熱融化奶油。或以微波加熱的方式融化亦可。然後倒入牛奶和蜂蜜，鋼盆持續置於熱水上，保持溫度。
2 另取一鋼盆，將雞蛋打散，再加入紅糖和細砂糖，以打蛋器輕輕拌勻。鋼盆底部同樣接觸約60℃熱水，打發起泡（這時用電動攪拌器會比較方便），等到蛋液攪拌到與體溫差不多時，就可移開熱水，接著繼續攪拌，直至顏色變淡且蛋液變得黏稠為止。
3 在步驟2裡加入保溫的步驟1、薑末，以矽膠刮刀從盆底大動作向上翻拌的手法，全部攪拌均勻。
4 倒入粉類，以同樣從盆底向上大動作向上翻拌的手法，攪拌均勻，直至粉末完全消失且質地柔滑為止。
5 把拌好的麵糊倒入模型內，整平表面，以160℃烤箱烤約40分鐘。出爐後，取1根長竹籤刺入蛋糕內，如果沒有沾附麵糊，表示烘烤完成。從模型內取出放涼即可。

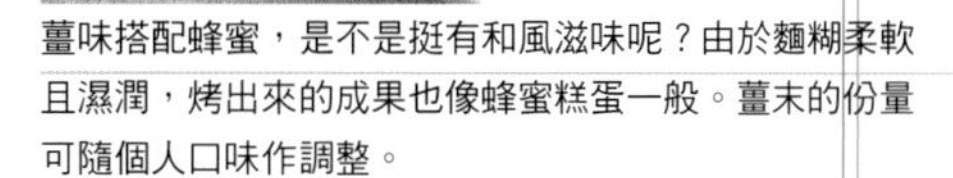
薑味搭配蜂蜜，是不是挺有和風滋味呢？由於麵糊柔軟且濕潤，烤出來的成果也像蜂蜜糕蛋一般。薑末的份量可隨個人口味作調整。

以小巧的樸素圓形模型來烤，烤好的蛋糕意外地嬌小可愛。可能因為外型沒什麼特別，反而更突顯了滋味上的香甜。直徑10至12cm的圓模是我的得力小幫手。像這樣適用一個磅蛋糕模的材料份量，可以烤2至3個圓模，烘焙間時為25分鐘。

地瓜蛋糕

烤得熱呼呼的地瓜，是充滿秋天味道的點心。看到街上開始有賣烤地瓜的車子到處轉時，我就知道以地瓜作甜點的季節到來了。

加了蔗糖和少許蜂蜜的麵糰，烤出來的蛋糕有著樸素又懷舊的氣息。地瓜和黑芝麻或罌粟籽都很對味，有時我也會加一點在麵糰裡，或撒在表面再送入烤箱。

如果是臨時想作這個口味，地瓜可以微波爐加熱變軟，再切成小塊；如果想把地瓜的香味強調出來，花一點時間以烤箱烤過後再使用會更好。地瓜的甜味經過低溫慢烤會更加明顯。想要作出真正好吃的東西，不急不徐地慢慢來也是很重要的。明知這個道理但卻急躁成性的我，只好分成──自家吃的就以微波加熱，送禮用的就以烤箱慢烤囉！

材料（直徑16cm的圓形模型1個）
低筋麵粉　90g
泡打粉　½小匙
無鹽奶油　100g
蔗糖　60g*
細砂糖　30g
杏仁粉　30g
雞蛋　2個
牛奶　1大匙
蜂蜜　1大匙
地瓜　1小個（約200g）
*沒有蔗糖用細砂糖代替也可以

前置準備
+ 奶油和雞蛋置於室溫下回軟和回溫。
+ 模型內鋪上烘焙紙，或塗上奶油後，再撒上一些麵粉（皆為份量外）。
+ 混合低筋麵粉和泡打粉，過篩備用。
+ 蔗糖若有結塊，也過篩備用。
+ 烤箱以160℃預熱。

作法
1 地瓜連皮仔細洗淨，在水裡稍微浸泡一下，以保鮮膜包好後，以微波加熱約5分鐘，使地瓜變軟（意即加熱直至容易切開的程度）。冷卻至不燙手後，切成喜好的大小。
2 在鋼盆內放入在室溫下變軟的奶油，以打蛋器攪拌成柔軟乳霜狀，再加入蔗糖和細砂糖，整體拌均直至質地變得柔軟蓬鬆為止。然後慢慢倒入已打散的蛋液，仔細混勻，再加入杏仁粉、牛奶、蜂蜜，全部混合均勻。
3 加入過篩後的粉類，不要過度地揉捻攪拌，而是以矽膠刮刀俐落地快速混合，直至麵糊出現光澤感。然後再加入地瓜塊，略略拌勻。
4 把麵糊倒入模型內，以160℃烤箱烘烤約45分鐘。出爐後，取1根長竹籤刺入蛋糕內，如果沒有沾附麵糊，表示烘烤完成。從模型內取出放涼即可。

地瓜要切成什麼形狀＆什麼大小都可隨意。
切成細條狀或塊狀，
切成圓片狀再插進麵糊當中也行。
甚至把地瓜搗碎，和麵糊混合也可以。
地瓜皮削或不削都可以。
我則是會留下½至⅓的皮一起入味。

焦糖大理石奶油蛋糕

因為冰箱冷凍庫裡還有之前作的焦糖醬，所以我動不動就想把它拿來作這個也好、加在那個裡面試試看也不錯，不管什麼樣的點心都想作成焦糖口味。

這款蛋糕是僅以原味奶油蛋糕和焦糖醬混合後作出來的大理石蛋糕。焦糖的香味和許多酒類都能自然地相互融合，不過最近我自己偏愛搭配蘭姆酒。以咖啡酒或巧克力酒來作也很好吃，想要變化一下蛋糕的味道時，可以在酒類上動動腦動。

此外，還有焦糖漿和焦糖醬的差異。焦糖漿是以砂糖和水所煮成的液體，色澤是透明的琥珀色。焦糖醬是砂糖和鮮奶油所煮成的醬汁，色澤是不透明的濃奶茶色，這是我自己簡單分辨兩種醬汁的方法。

材料（18×8×6cm磅蛋糕模型1個）
低筋麵粉　100g
泡打粉　½小匙
無鹽奶油　100g
細砂糖　95g
雞蛋　2個
牛奶　1大匙
蘭姆酒　1大匙
焦糖醬（完成後使用50g）
- 細砂糖　75g
- 水　½大匙
- 鮮奶油　100ml

前置準備
+ 奶油和雞蛋置於室溫下回軟和回溫。
+ 模型內鋪上烘焙紙，或塗上奶油後再撒上一些麵粉（皆為份量外）。
+ 低筋麵粉和泡打粉混合後過篩，備用。

作法
1. 首先製作焦糖醬。在小鍋中放入細砂糖和水，以中火加熱，不要搖晃鍋子煮至溶解。當糖液的邊緣開始出現焦化現象後，再輕搖鍋子，使顏色變得均勻，煮至喜好的深棕色後熄火。然後倒入加熱過後的鮮奶油（可用另一個小鍋子或微波爐加熱），以木杓攪拌至顏色均勻（倒入熱的鮮奶油時，小心鍋內的糖漿可能會噴濺出來），靜置一旁待其完全冷卻。烤箱以160℃預熱。
2. 鋼盆內放入已在室溫下軟化的奶油，以打蛋器攪拌成柔軟乳霜狀，再加入細砂糖，持續攪拌直至顏色變淡且柔軟蓬鬆為止，再慢慢倒入已打散的蛋液，仔細攪拌均勻。
3. 接著加入已過篩的粉類，以矽膠刮刀快速俐落地拌勻（注意不要過度揉捻攪拌），再加入牛奶和蘭姆酒，持續拌勻直至麵糊呈現光澤感即可。
4. 另取一鋼盆，倒入⅓的麵糊後，加入焦糖醬，以矽膠刮刀攪拌均勻直至整體變得柔滑，就完成了焦糖口味的麵糊。
5. 把步驟4的焦糖口味麵糊，倒回步驟3裡，簡單混合2至3下，作成大理石紋路（攪拌得太細會作不出大理石花紋，請注意）。最後把麵糊倒入模型內，整平表面，以160℃烤箱烘烤約45分鐘。出爐後，取1根長竹籤刺入蛋糕內，如果沒有沾附麵糊，表示烘烤完成。從模型內取出放涼即可。

以咕咕洛夫的模型所烤出來，
模樣小巧的版本。
以160℃烤約40分鐘。
咕咕洛夫的中央有圓洞，所以導熱性佳，
烤的速度會比磅蛋糕模型更快一些。
同樣的食譜份量，
適用直徑14cm的咕咕洛夫模型1個。
要趁熱把蛋糕和模型分開哦！

焦糖布朗尼

關於布朗尼，有一個小小的故事，1995年的秋天，為了感謝來參加我的結婚典禮的賓客，我思索著該親手作些什麼來當回禮。有些東西已經出場太多次，不想一作再作；留著很少曝光的壓箱底食譜，作了又怕造成收禮者心理上的負擔；最後決定作個小點心，於是端出了我的布朗尼。

結婚典禮的前一晚，我和妹妹在家裡的廚房烤布朗尼。話雖這麼說，不過幾乎都是妹妹完成的。在烤盤內鋪了滿滿的麵糊，重複烤了好幾爐。烤好後的布朗尼切成小方塊，裝入一個個小袋子裡，袋口再用緞帶綁起來。包裝好的布朗尼用藤藍裝滿後約有60個，是我小小的心意。雖然不知道收到的人是否都喜歡這個口味，對我來說卻是一分珍貴美好的回憶。

材料（20×20cm方形模型1個）

- 烘焙用巧克力（半糖） 100g
- 無鹽奶油 80g

低筋麵粉 75g
泡打粉 ¼小匙
細砂糖 50g
雞蛋 2個
鹽 1小撮
焦糖醬（參考P.89） 100g
喜好的堅果（核桃或胡桃） 100g

前置準備

+ 雞蛋置於室溫下回溫。
+ 堅果先以150至160℃烤箱烘烤8分鐘左右，再切成粗顆粒。
+ 模型內鋪上烘焙紙，或是塗上奶油後再撒上一些麵粉（皆為份量外）。
+ 混合低筋麵粉、泡打粉、鹽，過篩後備用。
+ 烤箱以170℃預熱。

作法

1. 取一個小鋼盆，放入巧克力和奶油，底部接觸約60℃熱水，隔水加熱融化。或是以微波加熱方式融化亦可。
2. 另取一個鋼盆，打入雞蛋後打散成蛋液，再加入細砂糖，以打蛋器攪拌直至顏色變淡。之後加入步驟1，以畫圓的方式攪拌均勻。
3. 在步驟2裡倒入過篩後的粉類，以矽膠刮刀俐落地攪拌，直至粉末消失、整體變得柔滑均勻。加入堅果，粗略攪拌一下，然後倒入焦糖醬，大約拌勻即可（焦糖醬和麵糊可以仔細地攪拌均勻，或大致攪拌一下成為大理石花紋也行）。
4. 把麵糊倒入模型內，抹面表面，以170℃烤箱烤約25分鐘。出爐後冷卻，然後切成喜好的大小。

烤成大塊四方形的布朗尼，
在出爐後可以切成喜好的形狀。
正方形、長方形或三角形都可隨意。
切成細長條狀，
在一端包上蠟紙即可以手取用，
變成小點心也不錯。
或將兩端都用蠟紙包起，
捲成像糖果的形狀，
再配上一壺熱咖啡，
就可以當成兜風時車上的點心，也很不錯。

在這次食譜裡我用的堅果是胡桃。
英文為Pecan Nuts。
雖然不是常見的堅果，
但是口感比核桃更清爽甘醇，我個人很喜歡。
每次用胡桃烤出來的點心，
都會被誤認是「比較好吃的核桃」，
所以我會特別聲明「我用的是胡桃喲！」，
希望讓更多人感受胡桃的美味。

紅豆巧克力碎片奶油蛋糕

平常作菜的時候，我並不太使用豆類，但這陣子豆類登場的次數卻漸漸多了起來。以豆類入菜，加入湯品、沙拉、香料飯（Pilaf）或咖哩當中，作成帶有香辛口味的料理時，就不會感覺像豆類料理，所以上桌的次數也變多了。

開始注意豆子後，才發現原來豆子的種類如此繁多，所以現在才慢慢開始學習跟豆類有關的知識。最近特別喜歡的是形狀和名字都很可愛的鷹嘴豆。它的別名叫Garbanzo，聽起來就像是日文裡的「加油！」所以每次在用這個豆子時，都會忍不住在心裡偷偷地笑出來。

言歸正傳，這次的食譜是用鬆軟香甜的紅豆和巧克力碎片所烤出來的蛋糕，選用的是一般市面上賣的水煮紅豆罐頭。巧克力的選用烘焙專用的巧克力，不過這是為了保留巧克力在蛋糕中脆脆的口感（不易溶化），若不介意這點，以普通的磚形巧克力也可以。混在麵糊裡的白蘭地，作法也可以改為在蛋糕烤好出爐後，再趁熱刷上蛋糕表面，增添香氣。

材料（21×8×6cm磅蛋糕模型1個）
低筋麵粉　100g
泡打粉　⅓小匙
無鹽奶油　100g
細砂糖　85g
雞蛋　2個
罐裝水煮紅豆　80g
烘焙用巧克力（半糖）　20g
白蘭地　1大匙＋1小匙

前置準備
+ 奶油和雞蛋置於室溫下回軟和回溫。
+ 巧克力切成碎片，置於冰箱冷藏備用。
+ 低筋麵粉和泡打粉混合後過篩。
+ 模型內鋪上烘焙紙或塗上奶油後，再撒上一些麵粉（皆為份量外）。
+ 烤箱以160℃預熱。

作法
1. 在鋼盆內放入已在室溫下變軟的奶油，以打蛋器攪拌呈現柔軟乳霜狀，再加入細砂糖，攪拌直至顏色變淡、質地柔軟蓬鬆為止。再慢慢倒入打散的蛋液，同時仔細混勻。
2. 接著加入已過篩的粉類，以矽膠刮刀快速俐落地拌勻（注意不要過度攪拌），再加入牛奶和蘭姆酒，持續拌勻直至麵糊呈現光澤感即可。然後加入水煮紅豆、巧克力、白蘭地，整體拌勻。
3. 把麵糊倒入模型內，整平表面，以160℃烤箱烤約45分鐘。出爐後，取1根長竹籤刺入蛋糕內，如果沒有沾附麵糊，表示烘烤完成。從模型內取出放涼即可。

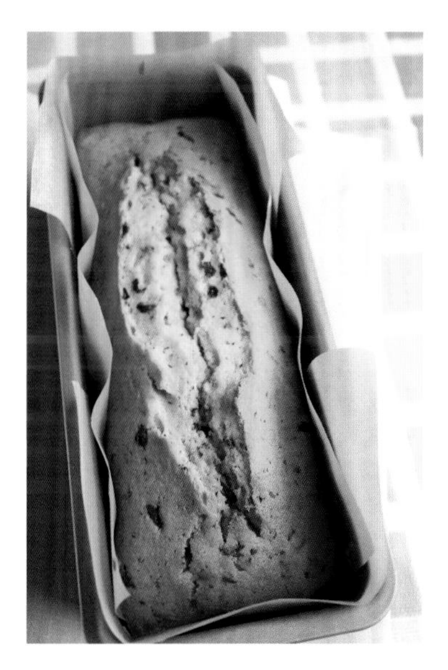

凡事喜歡簡單的我，
用的是一般市面販售的瓶裝或罐裝的紅豆。
我自己喜歡的是口感清爽、
甜味細緻的「山清」或「北尾」的紅豆。
圖片中的巧克力，是比利時品牌的Côte d'Or，
那是多年前為了想作出好吃的巧克力蛋糕，
尋尋覓覓才找到的平板巧克力。
Côte d'Or的黑巧克力（Bitter type）
能作出柔滑細緻的巧克力麵糊，我滿喜歡的。

巧克力碎片，切成這種程度。
無論是略帶苦味的黑巧克力，
或是容易入口的牛奶巧克力，
可以隨個人喜好挑選。
市面上販賣的巧克力脆片或許尺寸大了點，
但是使用起來也很適合。

蘭姆葡萄奶油蛋糕

小小的、又酸又甜的葡萄乾，之所以愛上它，應該是因為小時候吃過的葡萄乾麵包吧！我到現在仍然很喜歡混有葡萄乾的麵包，經常買，也經常自己作。

從開始逛烘焙材料行之後，才知道原來葡萄乾也有許多種類。大小、軟度、甜度、酸度、顏色等都會影響成品的味道。至今買過的葡萄乾，至少都會拿來試作一次甜點，每一種都很好吃，不曾失敗過。貪心如我，實在很難只挑選一種，所以總是混合幾種不同的葡萄乾來作點心。有時候使用淡口味的土耳其蘇丹娜葡萄乾，有時候是混合了淡綠色的白葡萄乾和普通紅葡萄乾，蛋糕的切面也會因此而色彩繽紛。

作這道點心時，會比平時奶油蛋糕食譜多加了一個蛋黃，讓口感更為溫潤豐富。喜歡淡黃色的麵糊最後烤出來的顏色，有時除了葡萄乾，我還會放其他的水果乾。把麵粉的一部分替換成杏仁粉，味道會變得更有層次哦！

材料（21×8×6cm磅蛋糕模型1個）
低筋麵粉　100g
泡打粉　⅛小匙
無鹽奶油　100g
細砂糖　95g
蛋黃　3個
蛋白　2個份
牛奶　1大匙
蘭姆酒　1大匙
檸檬汁　½大匙
蘭姆酒漬葡萄乾　90g

前置準備
+ 奶油置於室溫下回軟。
+ 混合低筋麵粉和泡打粉，過篩備用。
+ 模型內鋪上烘焙紙或塗上奶油後，再撒上一些麵粉（皆為份量外）。
+ 烤箱以160℃預熱。

作法

1. 在鋼盆內放入已在室溫下變軟的奶油，以打蛋器攪拌呈現柔軟乳霜狀，再加入一半份量的細砂糖，持續攪拌直至顏色變淡且質地柔軟蓬鬆為止。
2. 在步驟1裡依序加入蛋黃（一顆一顆分開加入）、牛奶、蘭姆酒、檸檬汁，每加入一樣材料都仔細拌勻。最後加入蘭姆葡萄乾，粗略攪拌一下即可。
3. 另取一鋼盆，放入蛋白，慢慢加入剩下的半分細砂糖，同時打發起泡，作出富有光澤且綿密緊實的蛋白糖霜。
4. 在步驟2的鋼盆裡加入一勾步驟3的蛋白糖霜，以打蛋器以畫圓的方式攪拌均勻。再依序加入一半的粉類→一半的糖霜→剩下的粉類→剩下的糖霜，同時以矽膠刮刀大動作俐落地混合攪拌出富有光澤感的麵糊（不要過度揉捻攪拌）。
5. 把麵糊倒入模型內，整平表面，以160℃烤箱烤約45分鐘。出爐後，取1根長竹籤刺入蛋糕內，如果沒有沾附麵糊，表示烘烤完成。從模型內取出放涼即可。

右圖中又黑又小顆的
是Currants葡萄乾。
比起普通的葡萄乾，
Currants的尺寸更小，
視覺上的效果也又多了一種變化。
紅色的果乾不是葡萄乾，
而是帶點酸甜味的蔓越莓乾。
以它來烤蛋糕也很好吃哦！

自家製的蘭姆葡萄乾，
是把葡萄乾以熱水燙過，
瀝乾除去水氣後，
放入煮沸消毒過的瓶罐裡，
再注入蘭姆酒浸泡而成。
蘭姆酒的份量要完全蓋過葡萄乾才行。
圖為酒漬白葡萄。

金桔蛋糕

我長大成人後才開始製作帶有和風口味的點心。小時候，對於和風口味的紅豆糕點、櫻花的氣味、強烈的日式柑橘，都因為不喜歡所以敬而遠之。直至現在，才領略到這些口味的美味之處，對於這樣的轉變，自己也覺得很奇妙，因此有了作和風口味點心的想法。實際試作之後，發現還滿新鮮有趣的。直至最近，我所作的點心不外乎抹茶、芝麻、薑味等口味，但隨著能選擇的素材種類越來越多，不斷有新的發現，就像拿到新玩具的小朋友一樣，總是興致盎然。

這個食譜，最初是以檸檬汁製作，後來試著以橘醋或柚子汁，發現和原來檸檬的味道相當不一樣，簡直就像另一種甜點了。以蛋白作出溫醇濕潤的杏仁醬，和含蛋量較高的輕爽奶油蛋糕的麵糊，2種材料組合而成。出爐後半天至1天後是最佳賞味時刻。通常會淋上一層酸酸甜甜的糖霜作為裝飾，如果不加糖霜，也會撒上一些粟罌籽一起烘烤作為點綴。

材料（直徑7cm烘烤紙杯約8個）
低筋麵粉　80g
泡打粉　1/8小匙
無鹽奶油　60g
細砂糖　60g
雞蛋　2個
牛奶　1大匙
金桔果汁　1大匙
金桔果皮刨絲（可隨個人喜好）　1個份
杏仁醬
- 杏仁粉　50g
- 無鹽奶油　40g
- 細砂糖　40g
- 蛋白　1個份
- 玉米粉　1/2大匙
- 金桔果汁　1/2大匙

前置準備
+ 麵糊用的雞蛋和杏仁醬用的奶油，置於室溫下回溫、回軟。
+ 混合低筋麵粉和泡打粉，過篩備用。
+ 烤箱以170℃預熱。

作法
1. 製作杏仁醬。在鋼盆內放入已在室溫下變軟的奶油，以打蛋器攪拌呈現柔軟乳霜狀，再加入細砂糖，持續攪拌至顏色變淡且質地柔軟蓬鬆為止。然後依序加入杏仁粉、蛋白（少量慢慢加入）、玉米粉、果汁，每加入一項材料時都要仔細拌勻，最後以保鮮膜封住鋼盆，放置一旁備用。
2. 取一個小鋼盆，放入奶油，鋼盆底部接觸約60℃的熱水，隔水加熱融化奶油。或以微波加熱的方式融化亦可。然後倒入牛奶，鋼盆持續置於熱水上，保持溫度。
3. 另取一個鋼盆，打入雞蛋後打散成蛋液，加入細砂糖，持續攪拌直至顏色變淡、質地黏稠為止。等打發到蛋液產生光澤且變得柔軟蓬鬆後，再以畫圓的方式調整蛋液的質地使其細緻度均一，分2次倒入步驟2（溫暖的狀態），同時以矽膠刮刀從盆底向上大動作翻拌的手法，全部混勻。
4. 加入過篩後的粉類，以矽膠刮刀從盆底向上大動作翻拌的手法，攪拌直至粉末完全消失且質地柔滑為止。再加入果汁和刨細的果皮，大致攪拌一下。
5. 在烘焙紙杯裡先倒入步驟1的杏仁醬，再把步驟4倒滿紙杯，最後把紙杯輕輕抬起後在桌上敲一下，擠出麵糊中多餘的空氣。以170℃的烤箱烤約20至25分鐘，出爐後，取1根長竹籤刺入蛋糕內，如果沒有沾附麵糊，表示烘烤完成。

要刨柑橘類的果皮絲時，
一定會用到的工具就是刨絲器。
Microplane公司出品的刨絲器
可以輕鬆在果皮表面刨出漂亮的皮絲，
雖然長長的形狀有些奇怪，
但非常好用。
拿來刨乳酪絲也很理想。

英文稱為Icing或Glaze的糖霜
常用於製作甜點或麵包。
看起來似乎製作的方法很特別，
後來才知道原來只要把糖粉溶在水
或果汁、蛋白裡就可以了。
十幾年前得知這件事時，
我的反應是「原來只有這麼簡單嗎？」，
還真落伍啊！

等蛋糕完全冷卻後，
以30g的糖粉和1/2大匙的金桔果汁拌成糖霜，
淋上即可。

核桃杏仁奶油蛋糕

奶油蛋糕的作法有許多種，即便使用同樣的材料、同樣的份量，只要作法上有一個步驟不同，烘焙出來的結果也會有著微妙的差異。①奶油和砂糖一起打發至柔軟蓬鬆後，再加入打散的蛋液和粉類的方法。②奶油和砂糖一起打發至柔軟蓬鬆的同時，加入已經打發起泡的蛋液和粉類的方法。③雞蛋和砂糖攪拌至黏稠狀後，再加入融化的奶油和粉類的方法。④將奶油、砂糖、蛋黃三樣材料攪拌均勻後，再加入蛋白糖霜和粉類的方法。當然還有其他更多不同的作法，而我自己最常使用的，是上述的這四種。

一個輕鬆即可完成的是作法①，加入打發起泡的蛋液，麵糊較不容易分離，能夠烤出鬆軟口感的是作法②，完成後當天新鮮最好吃的是作法③，雖然需要多作一份蛋白糖霜比較費工、但能保證麵糊不會分離，又可以烤出鬆軟綿密的蛋糕，是作法④，這是個人簡略的理解說明。

最好能夠多方嚐試，然後選擇一個最適合自己操作的方法。先在腦海裡想像麵糊成型的模樣，以最自然又愉快的方法，同時又能夠臨機應變是最好的，我也同樣仍然在努力學習中呢！

材料（直徑7cm馬芬模型約8個）
低筋麵粉　100g
泡打粉　⅓小匙
無鹽奶油　100g
紅糖（或細砂糖）　50g
細砂糖　30g
雞蛋　2個
核桃　40g
杏仁片　40g
白蘭地（或蘭姆酒）1大匙＋1小匙
楓糖漿　1大匙＋1小匙
裝飾用的烘焙巧克力、堅果、糖粉　適量

前置準備

+ 奶油和雞蛋置於室溫下回軟和回溫。
+ 核桃和杏仁片先以150℃至160℃的烤箱烤8分鐘左右，冷卻備用。
+ 混合低筋麵粉和泡打粉，過篩備用。
+ 模型內鋪上烘焙紙，或塗上奶油後再撒上一些麵粉（皆為份量外）。
+ 烤箱以160℃預熱。

作法

1. 先把核桃和杏仁片放入塑膠袋內，然後用擀麵棍約略敲碎後，淋上白蘭地。
2. 在鋼盆內放入在室溫下軟化的奶油，以打蛋器攪拌成柔軟乳霜狀後，加入紅糖和細砂糖，持續攪拌直至顏色開始變淡且柔軟蓬鬆為止。最後慢慢倒入已打散的蛋液，同時仔細拌勻。
3. 加入已過篩的粉類，以不過度揉捻攪拌的方式，以矽膠刮刀俐落地攪拌直至麵糊出現光澤為止。再加入步驟驟1和楓糖漿，大致混勻。
4. 把麵糊倒入模型內，以160℃烤箱烤約25分鐘。出爐後，取1根長竹籤刺入蛋糕內，如果沒有沾附麵糊，表示烘烤完成。完全冷卻後，可依喜好淋上溶化的巧克力醬、堅果（開心果等等）、糖粉，裝飾完成。

美式鬆餅、司康、格子鬆餅
都少不了重要夥伴──楓糖漿。
也可以作為各種抹醬的甜味劑，
打發鮮奶油時可以加一點楓糖漿，
或和奶油混合後變成
又柔又細緻的楓糖奶油。

這裡我用了自己很喜歡的核桃和杏仁片，
也可以把它視為「堅果蛋糕」，
加上個人喜好的各式堅果組合哦！

食譜的份量也剛好是一個
磅蛋糕模型的份量。
烘烤的溫度和時間為160℃，
約45分鐘。
我覺得以各40g的核桃和杏仁片的比例，
烤出來的外觀和口感是最剛好的，
當然也可隨各人喜好增減囉！

紅糖蜂蜜奶油蛋糕

材料（21×8×6cm磅蛋糕模型1個）
低筋麵粉　110g
泡打粉　1/8小匙
奶油　100g
紅糖（或細砂糖）　50g
細砂糖　20g
雞蛋　2個
蜂蜜　1大匙（20g）
牛奶　1大匙

前置準備
+ 雞蛋置於室溫下回溫。
+ 混合低筋麵粉和泡打粉，過篩備用。
+ 模型內鋪上烘焙紙，或塗上奶油後再撒上一些麵粉（皆為份量外）。
+ 烤箱以160℃預熱。

作法

1. 在耐熱容器裡放入奶油、蜂蜜、牛奶，以微波加熱或隔水加熱（底部接觸約60℃熱水），將材料溶化均勻。不要移開熱水，持續保溫。
2. 在鋼盆內打入雞蛋，以電動攪拌器打散，再加入紅糖和細砂糖，全部拌勻。鋼盆底部接觸約60℃熱水，電動攪拌器以高速打發起泡，蛋液溫度升高和體溫相同後，移開熱水，持續打發直到顏色變淡且質地黏稠（舀起蛋液時有如緞帶持續落下不中斷的狀態）即可。再把攪拌器轉成低速，慢慢把蛋液的質地調整均勻。
3. 把步驟1分2至3次倒入步驟2內，以打蛋器從盆底向上大動作翻拌的方式，混合均勻。然後倒入過篩後的粉類，以矽膠刮刀從盆底向上大動作翻拌的方式，混合均勻。
4. 把麵糊倒入模型內，整平表面，以160℃烤箱烤約45分鐘。出爐後，取1根長竹籤刺入蛋糕內，如果沒有沾附麵糊，表示烘烤完成。從模型內取出放涼即可。

現在，請跟著我一起作喔！

首先，完成準備工作

在模型內鋪上烘焙紙。我一般是準備和模型同寬的烘焙紙，只鋪一張。左右側邊不鋪也可以。

如果烘焙紙太長，可以剪短一點。

烤盤放入烤箱裡，然後以160℃預熱。雞蛋置於室溫下回溫，把其他需要用的材料準備好。

我會在輕巧的塑膠盒內先放入篩網，然後直接放在電子秤上，以這個方式量出需要的麵粉量。泡打粉也可以同時加入。

接著量紅糖和細砂糖。我覺得以有把手的量杯比較方便。

製作麵糊

在耐熱容器裡放入奶油和蜂蜜，測量出份量後，再倒入牛奶。

我以微波加熱融化奶油。要一邊加熱一邊注意奶油的變化哦。

在奶油沒有完全融化之前，要反覆從微波爐裡取出奶油，和蜂蜜和牛奶混合一下，再放入微波加熱。

利用微波加熱後的溫度，仔細拌勻。

為了保持溫度，可以把奶油置於熱水上。我的作法是，直接把容器放在烤箱的排氣口上方。另外準備一個鍋子，加熱稍後用於隔水加熱的熱水。

在鋼盆內打入雞蛋，以電動攪拌器打散。

糖類分成2至3次，加入蛋液中。

一邊加入糖的同時，一邊以攪拌器仔細混勻。

把鋼盆置於裝有60至70℃熱水的鍋子上，電動攪拌器以高速打發。這就是隔水加熱。

手指伸入蛋液中測試溫度，如果覺得溫溫的(接近體溫)，就可以把熱水鍋子移開。

以電動攪拌器高速運轉，同時畫大圓的方式攪拌。美膳雅（Cuisinart）的攪拌器馬力十足，2至3速即可。

攪拌到黏稠度出來後，就把器機轉成低速，然後慢慢地畫圓，調整質地。

等到質地變得有如緞帶落下般持續不斷的狀態時，就可以停止了。

取下電動攪拌器的前端，以手畫圓的方式在鋼盆內攪拌，使質地均勻。等到出現光澤且質地呈現柔滑狀時，整個打發過程就完成了。

從我開始打發材料到全部完成進入烤箱之前，我是一口氣連貫地完成所有動作。所以，有時候連電話響了我也不接（真是不好意思呢……）。

把保溫的奶油分成3次左右，加入鋼盆內。

從盆底向上大動作翻拌，俐落地混合均勻。

將粉類一邊過篩一邊加入鋼盆內，粉類同時也會均勻地散開。如果還不習慣這個作法時，也可以先把粉類過篩後備用，再一起倒進鋼盆裡。

把工具換成矽膠刮刀，快速且仔細地攪拌均勻。

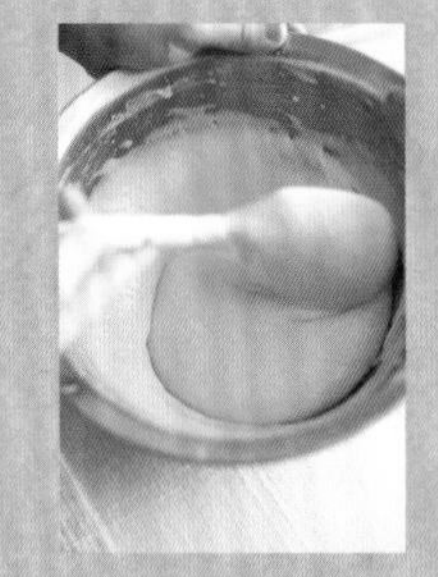

從盆底向上翻拌的同時，仔細拌勻。最後完成蓬鬆又有光澤感的麵糊。

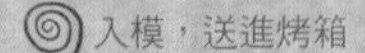

入模，送進烤箱

立刻把麵糊倒入準備好的模型裡。連沾附在鋼盆邊緣的麵糊，也仔細撥進模型裡。

左右搖晃一下模型，稍微抬高後再輕輕地落在桌面上2至3次，整平麵糊。以160℃烤箱烤約45分鐘。

出爐

只要烤到表面出現裂痕，就表示中間已經熟了。

趁蛋糕還溫熱時，從側面插入一支小抹刀或水果刀，把蛋糕跟模型分離。拉著烘焙紙一併把蛋糕帶離模型，放在網架上冷卻。

完全冷卻後，連烘焙紙一起放入塑膠袋內，或是以保鮮膜包起來，以常溫保存即可。

part 3 水果奶油蛋糕

水果裡富含的天然果汁，和濕潤細緻的蛋糕麵糊融合在一起，

既清爽又甘甜，真的好好吃。選用當令的新鮮水果，

在季節變換時烤個點心，或使用市面上販賣的水果罐頭或加工食品，

就能夠在一整年中隨時享用自己喜愛的水果。

為了作出好吃的點心，我會把季節性的水果熬煮成果醬，

就是廚房裡溫暖又幸福時光。

香蕉核桃蛋糕

香蕉入口即化的香甜，配上核桃沙沙的口感。我雖然不喜歡吃香蕉，但是作成甜點或果汁時，就覺得相當美味，真不可思議。我們家的香蕉總是會剩下最後一根吃不完，所以乾脆把它拿來作成點心吧！

要作出好吃的香蕉蛋糕，祕訣就是使用已經過熟、香氣和甜味都四溢的香蕉。香蕉最好是表皮已經出現黑斑的，直接吃掉實在有點……不，不想吃它的那種熟度才是最好！用於製作蛋糕，這樣的香蕉最合適。以四角形的模型烤好後，隨性地切開就可以享用。配上冰涼的牛奶，就成為下午3點小朋友們圍在桌前的點心。在每天的生日中，平凡卻必要的小時刻裡，都可以看見香蕉蛋糕的身影。

材料（20×20 cm方形模型1個）
低筋麵粉　160g
泡打粉　½小匙
無鹽奶油　135g
細砂糖　135g
雞蛋　2個
牛奶　1大匙
鹽　1小撮
香蕉　1大根（120g）
核桃　100g

前置準備
+ 奶油和雞蛋置於室溫下回軟和回溫。
+ 模型內鋪上烘焙紙或塗上奶油後，再撒上一些麵粉（皆為份量外）。
+ 混合低筋麵粉和泡打粉，過篩備用。
+ 烤箱以170℃預熱。

作法
1. 香蕉去皮，以叉子約略搗碎。核桃切成喜好的大小。
2. 在鋼盆內放入在室溫下軟化的奶油，以打蛋器攪拌成柔軟乳霜狀後，加入細砂糖和鹽，持續攪拌直至顏色開始變淡且柔軟蓬鬆為止。
3. 接著慢慢倒入已打散的蛋液，仔細拌勻後，再依序加入香蕉、牛奶、核桃，每加入一樣材料的同時，都仔細攪拌。
4. 加入已過篩的粉類，以不過度揉捻攪拌的方式，用矽膠刮刀俐落地攪拌直至麵糊出現光澤為止。
5. 把麵糊倒入模型內，整平表面，以170℃烤箱烤約30分鐘。出爐後，取1根長竹籤刺入蛋糕內，如果沒有沾附麵糊，表示烘烤完成。從模型內取出放涼即可。

我們家的作法是，
把蛋糕切成小塊後，
放在餅乾罐內。
因為罐子擺在廚房，
所以有時候我會偷偷捏一塊來吃。
真是沒禮貌啊……

蘋果鄉村蛋糕

這是每年的蘋果季節來臨時，一定會作的點心。不知道已經持續幾年了，連我自己都不確定。這段時間裡，其實每一次材料的份量都有些變化，或許今天寫出的這道食譜，在之後幾年材料的份量又會有所更動也說不定。這是一道配方可以靈活運用的點心。

它的作法相當簡單，成功率高而且保證好吃。充滿杏仁和奶油風味的麵糊，把蘋果獨特的香甜氣味緊緊鎖住。因為食材是新鮮的蘋果，所以烤好後的蛋糕也會顯得扎實而濕潤，這是它的特色。

每年總是收到許多要求烤蘋果蛋糕的請託，這時我選用的模型就是烘焙紙杯或馬芬模型。由於出爐後隔天蛋糕的味道會變得更濃郁，所以建議在預計食用的前一天事先作好。

至於蘋果的選擇，在紅玉蘋果當令時我會選用果核較小的紅玉蘋果，其他季節時會選用富士蘋果。這個點心食譜分享給親友後，得到的迴響都是「既好作，又好吃」，所以很受到大家的喜愛，所以請務必挑戰看看吧！

材料（20×20cm方形模型1個）
低筋麵粉　100g
泡打粉　½小匙
杏仁粉　100g
無鹽奶油　130g
細砂糖　140g
雞蛋　2個
蘋果　2小顆
蘭姆酒　2大匙

前置準備
+ 雞蛋置於室溫下回溫。
+ 模型內鋪上烘焙紙或塗上奶油後，再撒上一些麵粉（皆為份量外）。
+ 混合低筋麵粉和泡打粉，過篩備用。
+ 烤箱以170℃預熱。

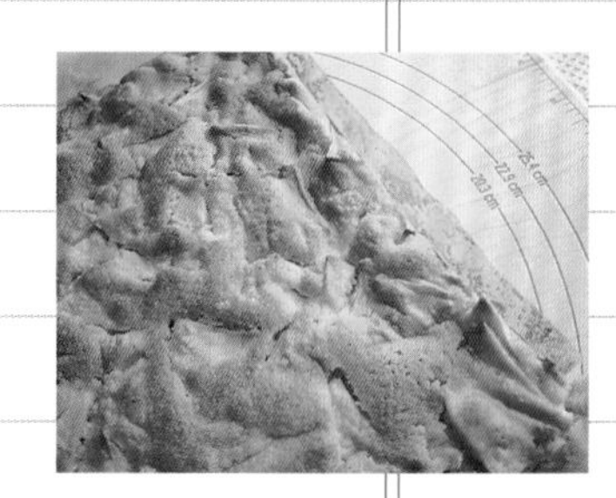

作法
1. 蘋果去皮，切成小薄片（形狀可依個人喜好），淋上蘭姆酒後，備用。
2. 鋼盆內打入雞蛋後打散，加入細砂糖，打發起泡直至顏色變淡且略微產生黏性。
3. 在步驟2裡加入杏仁粉，以打蛋器混合均勻。倒入已經加熱融化後溫熱的奶油（以微波爐或隔水加熱），再以打蛋器大致攪拌一下。
4. 加入已過篩的粉類，以不過度揉捻攪拌的方式，以矽膠刮刀俐落地攪拌直至麵糊出現光澤為止。最後加入蘋果，大致混勻。
5. 麵糊倒入模型內，整平表面，以170℃烤箱烤約40分鐘。出爐後，取1根長竹籤刺入蛋糕內，如果沒有沾附麵糊，表示烘烤完成。從模型內取出放涼即可。

紅玉蘋果的果肉又脆又結實，
久煮也不容易爛，加上明顯的酸味，
一般說來是相當適合用來烤點心的。
不過，紅玉的保鮮期其實不長。
如果不趁新鮮就拿來作點心，
放久了蘋果就會變得鬆鬆軟軟的。
相對地，富士蘋果的保鮮期就比較長，
買來放個幾天也無所謂，
果肉很扎實，烤過後的口感恰到好處。
雖然富士蘋果的酸味略顯不足，
只要加一點檸檬汁就行了。
還有，說到蘋果就不能不提到「烤蘋果」。
把蘋果對半切開後，去除中間的果核，
再填入奶油＋肉桂粉＋細砂糖，
以烤箱烘烤，超簡單的烤蘋果就完成囉！

糖漬櫻桃酸奶油蛋糕

只要在奶油蛋糕的麵糊裡加入酸奶油（Sour Cream），就會產生難以言喻的酸甜滋味，彷彿提高了蛋糕整體的潤澤度。這是想吃清爽口味的奶油蛋糕時，經常作的一道點心，有時候也會換作杏桃口味。

聽到這種只要放進烤箱烤熟就行的點心，似乎給人一種吃起來乾乾澀澀的感覺，「烘烤的點心嗎？那不太適合夏天吧？」這種印象始終揮之不去。可是，這種甜點只要搭配冰涼的飲料，就會變得很好吃；或是放進冰箱稍微冰一下後再享用，口感就大大不同，所以對我來說，也是一種屬於夏天的甜點，很難不愛上它們。

即使在炎熱的夏天裡，依然能夠渴望「好想吃那道點心哦」；我希望能夠滿足這個願望的食譜，越來越多才好。

材料（直徑17cm花朵模型1個）
低筋麵粉　110g
泡打粉　½小匙
無鹽奶油　60g
細砂糖　100g
雞蛋　2個
檸檬汁　½大匙
酸奶油（Sour Cream）60g
罐裝糖漬櫻桃（瀝去水分）　100g

前置準備
+ 奶油、酸奶油、雞蛋，置於室溫下回軟和回溫。
+ 模型內塗上奶油後再撒上一些麵粉（皆為份量外）。
+ 混合低筋麵粉和泡打粉，過篩備用。
+ 櫻桃對半切開，放在餐巾紙上去除水分。
+ 烤箱以160℃預熱。

作法
1. 在鋼盆內打入雞蛋後打散成蛋液，加入一半份量的細砂糖，攪拌直至顏色變淡且質地略顯黏稠。
2. 另取一鋼盆，放入已在室溫下變軟的奶油，以打蛋器攪拌成柔軟乳霜狀，再倒入剩下的另一半細砂糖後，持續攪拌直至顏色變淡且柔軟蓬鬆為止
3. 在步驟2的鋼盆裡，慢慢倒入步驟1的蛋液，仔細混勻，然後再加入酸奶油和檸檬汁，全部拌勻。
4. 加入已過篩的粉類，以不過度揉捻攪拌的方式，以矽膠刮刀俐落地攪拌直至麵糊出現光澤為止。最後加入櫻桃，大致拌勻。
5. 麵糊倒入模型內，整平表面，以160℃烤箱烤約45分鐘。出爐後，取1根長竹籤刺入蛋糕內，如果沒有沾附麵糊，表示烘烤完成。從模型內取出放涼即可。

我都是使用罐頭糖漬櫻桃。
甜度適宜，直接吃也很好吃。
偶爾也會用檸檬汁和櫻桃酒增加風味，
再混合玉米粉作出有黏稠濃郁的櫻桃醬
（淋在起司蛋糕上很好吃）。

酸奶油（Sour Cream）
是在乳脂肪30至40%的奶油裡，
加入乳酸菌後發酵的產品。
有著清爽的酸味。
我現在愛用的品牌是
Takanashi乳業。
作完點心後剩下的酸奶油，
可以和奶油起司
（Cream Cheese）、
美奶滋、香草香料這類食材
一起拌勻作成沾醬，
或加在各式濃湯裡。

這個食譜的份量
適用於1個磅蛋糕模型。
如果用10至12cm的圓模，
可以作2個。

檸檬蛋糕

這款蛋糕在材料中混合了杏仁粉，和水果的味道非常對味。也可以使用藍莓、糖漬橙皮、焦糖蘋果等，能夠搭配變化的水果真的相當多，十分有趣。只要改變內容物的水果和模型，馬上就變身成另一種蛋糕。基本的作法只有一種，但延伸出來的變化卻有著無限可能。研究甜點時最快樂的地方，就是這種彷彿「賺到了！」的心情吧！

這次是以像瑪格麗特花朵形狀的模型來製作，同樣份量的食譜也適用1個磅蛋糕模型，1個14cm的咕咕洛夫模型，或是2個10至12cm的圓模。就利用各位手邊最方便的模型來製作即可。

再來就是最重要的檸檬汁。直接用市面上販賣的瓶裝果汁，因為我不是那種堅持每個步驟都要親手現作的人，只要有方便又好品質的選擇，也會配合使用。糖漬檸檬皮或橙皮也一樣，與其自己動手作，老實說我會花點心力尋找滿意的材料使用。雖然這其實不應該大聲張揚才是（苦笑）。

不過度勉強，以愜意的心情渡過和甜點相處的每一天，偶爾偷懶一下也不錯。

材料（直徑17cm瑪格麗特花朵模型1個）
低筋麵粉　80g
泡打粉　½小匙
杏仁粉　40g
無鹽奶油　100g
細砂糖　90g
雞蛋　2個
牛奶　1大匙
黃檸檬汁（檸檬汁）1大匙
糖漬檸檬皮（碎末）　100g

前置準備
+ 奶油和雞蛋置於室溫下回軟、回溫。
+ 模型內塗上奶油後，再撒上一些麵粉（皆為份量外）。
+ 混合低筋麵粉和泡打粉，過篩備用。
+ 烤箱以160℃預熱。

作法
1. 在鋼盆內放入已在室溫下變軟的奶油，以打蛋器攪拌成柔軟乳霜狀，再倒入細砂糖，持續攪拌直至顏色變淡且柔軟蓬鬆為止。
2. 在步驟1裡慢慢倒入已經事先打散好的蛋液，仔細混勻，然後再依序加入杏仁粉、牛奶、檸檬汁、糖漬檸檬皮，每加入一樣材料時都仔細拌勻。
3. 加入已過篩的粉類，以不過度揉捻的方式，以矽膠刮刀俐落地攪拌直至麵糊出現光澤為止。
4. 麵糊倒入模型內，整平表面，以160℃烤箱烤約45分鐘。出爐後，取1根長竹籤刺入蛋糕內，如果沒有沾附麵糊，表示烘烤完成。從模型內取出放涼即可。

這是Marie Brizard公司出品的
「Pulco檸檬濃縮原汁」，
我當初心想「反正就是普通的
瓶裝檸檬果汁嘛」，
沒想到它是充滿了檸檬風味和
豐富香氣的檸檬汁，
是品質非常好的濃縮原汁。
它最經典的使用方法就是調雞尾酒，
但是用在點心或檸檬口味的飲料
也非常適合。

草莓牛奶蛋糕

因為想把新鮮草莓淋上煉乳後的香甜滋味留在奶油蛋糕裡，所以設計出這道食譜。拜大膽淋上許多煉乳之賜，麵糊裡增添了濕潤的奶香，加入新鮮草莓後變成大理石花紋，果真滿像草莓牛奶的。只加了一點點的草莓酒，讓蛋糕裡的草莓味能更加凸顯出來。

其實比較喜歡自己去摘新鮮的現採小草莓，但是不可否認，當我在商店裡看見各種盒裝的草莓時，也會忍不住想統統買回家。豐野（Toyonoka）、幸加（Sachinoka）、佐賀穗（Sagahonoka）、女峰、栃乙女（Tohiotome）、甘王（Amaou）等等，這些品種在超市裡都很常見，不過再多研究一下，會發現還不只這些，種類之多令人感到吃驚。真希望找個機會蒐集所有品種的草莓，開個草莓研究大會，嚐嚐每種草莓不同的鮮甜。

聊個題外話，曾經在超市看過一次「草莓牛奶口味的魚肉香腸」，在那之後就一直無法忘懷這件事，不曉得嚐起來會是什麼味道啊……

材料（21×8×6cm磅蛋糕模型1個）
低筋麵粉　100g
泡打粉　⅓小匙
無鹽奶油 100g
細砂糖　75g
雞蛋　2個
煉乳　60g
草莓酒（如果有）　1大匙
草莓　約½盒（100g）
細砂糖　½大匙
檸檬汁　1小匙

前置準備
+ 奶油和雞蛋置於室溫下回軟、回溫。
+ 混合低筋麵粉和泡打粉，過篩備用。
+ 模型內鋪上烘焙紙或是塗上奶油後，再撒上一些麵粉（皆為份量外）。

作法
1. 草莓洗乾淨後，放入耐熱容器內，放入細砂糖、淋上檸檬汁，以叉子約略搗碎後，不要加保鮮膜直接放入微波爐加熱約6分鐘。待草莓變軟產生些許黏性後（不用加熱到像草莓果醬的程度），再用叉子搗得更碎一點，然後放置一旁冷卻備用。
2. 烤箱以160℃預熱。在鋼盆內放入已在室溫下變軟的奶油，以打蛋器攪拌成柔軟乳霜狀，再倒入細砂糖，持續攪拌直至顏色變淡且柔軟蓬鬆為止。然後依序倒入煉乳、慢慢加入已經打散的蛋液，每加入一樣材料時都要仔細攪拌均勻。
3. 加入已過篩的粉類，以不過度揉捻的方式，以矽膠刮刀俐落地攪拌直至麵糊出現光澤為止。最後倒入草莓酒，大致攪拌一下。
4. 把麵糊的一半份量倒入另一個鋼盆內，加入步驟1的草莓後，以矽膠刮刀仔細拌勻，再倒回原來的鋼盆內，簡單攪拌1至2下，作出大理石花紋（攪得太細就看不出大理石紋路）。
5. 麵糊倒入模型內，整平表面，以160℃烤箱烤約40至45分鐘。出爐後，取1根長竹籤刺入蛋糕內，如果沒有沾附麵糊，表示烘烤完成。從模型內取出放涼即可。

草莓藉由微波加熱，
變成口味淡雅、接近果醬般的質地，
如果想作成濃度較高的草莓醬也可以。
濃縮後的草莓醬可以把風味確實保留在其中，
所以就算多煮一下也無妨。
以微波爐加熱時容易溢出來，
所以建議用大一點的容器裝。
加熱後沾附在容器邊緣的果醬，
以廚房紙巾擦拭即可。

帶點懷舊風味且
充滿香甜奶香的煉乳，
可以淋在新鮮草莓或碎冰上，
也可以加在咖啡裡。
煉乳和抹茶也很對味，
我打算下次要來試試看
抹茶牛奶奶油蛋糕。

由於這款蛋糕的質地偏軟，所以稍微烤得扎實一些，等完全冷卻後再切開享用。

芒果蛋糕

想在家裡輕鬆享用點心時，我喜歡的作法是把烤好剛出爐的甜點直接端上桌，就這樣自在地享用。因為沒有必須把點心完美脫膜取出的壓力，所以連模型裡的準備工作也省去了。完全不必「要小心地鋪好烘焙紙」或「仔細塗上奶油後，再均勻地撒上一層麵粉」這樣小心翼翼的步驟，製作甜點時的心情和烤箱之間的距離，彷彿瞬間拉近了許多。

這種感覺不只在製作甜點時才會發生，連作菜的時候也一樣。菜餚完成後，直接連著鍋子端上餐桌。以可以在爐火上加熱的盤子或淺盆，直接在上面料理完後即可上菜。雖然有點不修邊幅，但是餐桌上的風景也因此為之一變，在桌前直接為圍坐的家人朋友盛盤，就像演出一場華麗的舞台秀一般，不管是點心或是料理，感覺都更好吃了。

為了這些場面，我總是不停地尋找著可以直接以烤箱加熱、可以直接在爐火上使用的盤子淺盆，或煮完後能夠亮麗登場的漂亮鍋具。

材料（25×15×3cm耐熱器皿1個）
低筋麵粉　90g
泡打粉　⅓小匙
杏仁粉　25g
無鹽奶油　100g
細砂糖　90g
雞蛋　2個
罐頭芒果　50g
檸檬汁　1小匙
裝飾用的芒果（罐頭）　100g

前置準備
+ 奶油和雞蛋置於室溫下回軟、回溫。
+ 混合低筋麵粉和泡打粉，過篩備用。
+ 模型內塗上奶油（份量外）。
+ 烤箱以160℃預熱。

作法
1 草要混入麵糊裡的芒果，先以叉子大致搗碎，然後淋上檸檬汁。裝飾用的芒果可以切成依個人喜好的大小，放在餐巾紙上，去除水分。
2 在鋼盆內放入已在室溫下變軟的奶油，以打蛋器攪拌成柔軟乳霜狀，再倒入細砂糖，持續攪拌直至顏色變淡、柔軟蓬鬆為止。然後依序倒入杏仁粉、慢慢加入已經打散的蛋液，每加入一樣材料時都要仔細攪拌均勻。
3 加入已過篩的粉類，以不過度揉捻的方式，以矽膠刮刀俐落地攪拌直至麵糊出現光澤為止。再加入步驟1的芒果泥，全部拌勻。
4 麵糊倒入模型內，整平表面後，放上裝飾用的芒果塊，以160℃烤箱烤約40至45分鐘。出爐後，取1根長竹籤刺入蛋糕內，如果沒有沾附麵糊，表示烘烤完成。放置一晚，隔天最好吃。

夏天時最令人無法抗拒的、
充滿熱帶風味的水果，
非芒果莫屬。
把芒果搗成泥後，
裝入食物專用夾鏈袋內，
攤平後放入冰箱冷凍結冰，
再加入牛奶以果汁機攪拌後
變成冰沙凍飲，
是我在夏天時的消暑配方之一。

芒果泥以叉子簡單搗碎就能完成。
裝飾用的芒果塊，
可以切成不規則大小，
隨意散布在蛋糕表面上。
當然，切成薄片整齊擺放也可以哦！

除了可以在烤箱內使用之外，
能夠直接放在爐火上加熱的餐具，
更能發揮料理的威力。
順帶一提，
食譜的份量適用於18cm的正方形模型1個。
烘焙時間為45至50分鐘。

葡萄柚蛋糕

不太會讓人意識到季節性的葡萄柚，也是柑橘類水果的一種，我在初夏到盛夏這段期間，會特別想作這個口味的奶油蛋糕。每年的4至5月的初夏時節，正好是葡萄柚最好吃的時節。

把紅寶石色的葡萄柚果肉煮熟濃縮後和麵糊混合，那美麗的顏色就會在麵糊裡散開，出爐後的蛋糕切面也十分漂亮。如果市面上買得到現成的葡萄柚果醬，我一定會立刻飛奔而去；可惜怎麼也找不到，所以只好自己動手作。把葡萄柚的果肉和砂糖放入鍋中，以爐火加熱一會兒，就出現大量的水分；此時不用太擔心，持續攪拌一陣子後，水分就會揮發而變得濃稠。煮好後冷卻的過程中，濃縮葡萄柚醬會呈現些許有如果醬般黏稠的質地，表示果醬做得很成功。

如果嫌這道手續太費工，想要更輕鬆地作出柑橘類的奶油蛋糕，不用煮葡萄柚醬，直接購買一般市面上販賣的柳橙果醬替代即可。有很多很好的果醬可以選擇，就不用自己動手了。

材料（18×8×6cm磅蛋糕模型1個）
低筋麵粉　100g
泡打粉　⅓小匙
無鹽奶油　100g
細砂糖　95g
蛋黃　2個
蛋白　2個份
牛奶　1大匙
檸檬汁　1大匙
橙酒（Grand Marnier）1大匙
濃縮葡萄柚醬（完成後使用70g）
葡萄柚 1個
細砂糖　約60g（果肉重量的⅓）

前置準備

- 奶油置於室溫下回軟。
- 模型內鋪上烘焙紙，或是塗上奶油後再撒上一些麵粉（皆為份量外）。
- 混合低筋麵粉和泡打粉，過篩備用。

作法

1. 首先製作濃縮葡萄柚醬。取出葡萄柚的果肉部分，去除白蒂後，取出果實，放入小鍋內，加入細砂糖後稍微攪拌，以中火加熱。偶爾攪拌一下，煮到質地成為黏稠狀的濃縮醬汁後即可。
2. 烤箱以170℃預熱。在鋼盆內放入已在室溫下變軟的奶油，以打蛋器攪拌成柔軟乳霜狀，再倒入一半份量的細砂糖，持續攪拌直至顏色變淡且柔軟蓬鬆為止。
3. 蛋黃一顆一顆分別加入後，仔細攪拌均勻，再依序倒入牛奶、橙酒、檸檬汁，每加入一樣材料時都仔細混勻。最後加入濃縮葡萄柚醬，全部拌勻。
4. 另取一鋼盆，倒入蛋白，再慢慢倒入剩下的半分細砂糖，同時打發起泡，作出富有光澤且緊實綿密的蛋白糖霜。
5. 在步驟3的鋼盆裡，舀一勺步驟4的糖霜加入後，取打蛋器以畫圓的方式拌勻。然後把工具換成矽膠刮刀，再依序倒入一半粉類→一半糖霜→剩下的粉類→剩下的糖霜，以不過度揉捻的方式，俐落地攪拌直至麵糊出現光澤為止。
6. 麵糊倒入模型內，整平表面，以170℃烤箱烤約40分鐘。出爐後，取1根長竹籤刺入蛋糕內，如果沒有沾附麵糊，表示烘烤完成。從模型內取出放涼即可。

這是使用了橙橘果醬的版本。
以70g的橙橘果醬替代濃縮葡萄柚醬，
加入的步驟相同。
我用的是直徑16cm的花朵模型，
剛好和1個磅蛋糕模型的容量相同。
只要看到新的蛋糕模型，
我就很興奮地想要試試看。
尤其花朵形是我現在最喜歡的模型。
比起複雜卻模樣華麗的模型，
我比較喜歡單純卻一目瞭然的造型。

葡萄柚要選果肉呈現紅寶石色澤的，
味道才好。剛煮好時是富有彈性的液狀，
但放涼後就會變硬，所以不要煮太久，
在尚留一點水分時熄火。
用不完的果醬可以和優格一起拌著吃，
也很好吃哦。

優格蛋糕

這款蛋糕用的是沒有經過水稀釋的原始優格，其一開始試作時，心裡充滿「搞不好會烤出一堆結塊的蛋糕來？」的疑問，沒想到出爐後然是「意外地柔軟蓬鬆，真令人開心！」這道食譜受到大家的喜愛，所以我經常製作。優格為蛋糕增加了濕潤度的效果，酸味卻幾乎不存在，對於不喜歡優格的人來說，說不定也能欣然接受呢！

在蛋糕表面烤出一個一個紅色小凹槽的是覆盆子，法文叫作Framboise，日文叫作木莓。鮮豔的紅色，配上一瞬間湧出的酸甜滋味，是我很喜歡的風味。雖然想用新鮮的覆盆子來烤蛋糕，在我家附近的商店裡卻買不到，如果不專程到專賣進口食材的超市去找，要買到新鮮的覆盆子幾乎不太可能。

但若是使用冷凍的覆盆子，住家附近的超市就很容易找到，我經常購買烘焙材料的網站上也有賣，所以，家中冰箱冷凍庫總是存放著冰凍的覆盆子。這個食譜裡的覆盆子也是使用冷凍的。至於在蛋糕表面，如果喜歡就放幾顆一起烤，不放莓果也可以喲！

材料（15×15cm正方形模型1個）
低筋麵粉　50g
杏仁粉　30g
泡打粉　¼小匙
無鹽奶油　40g
細砂糖　50g
雞蛋　1個
鹽　1小撮
原味優格　50g
冷凍覆盆子　15至20顆
檸檬皮刨絲（隨意）　½顆
裝飾用糖粉　適量

前置準備
+ 雞蛋置於室溫下回溫。
+ 低筋麵粉、杏仁粉、泡打粉、鹽，混合後過篩備用。
+ 模型內鋪上烘焙紙，或是塗上奶油後再撒上一些麵粉（皆為份量外）。
+ 烤箱以170℃預熱。

作法
1. 取一個小鋼盆，放入奶油，鋼盆底部接觸約60℃的熱水，隔水加熱融化奶油。或以微波加熱的方式融化亦可。鋼盆持續置於熱水上，保持溫度。
2. 另取一個鋼盆，打入雞蛋後打散成蛋液，加入細砂糖，以電動攪拌器攪拌直至顏色變淡且質地黏稠為止。然後倒入優格，大致拌勻，再依序倒入過篩後的粉類、檸檬皮絲，以矽膠刮刀從盆底向上大動作翻拌的手法，全部混勻。
3. 把步驟1的奶油以矽膠刮刀引流的方式，均勻分布地倒入步驟2裡，然後以用同樣的手法（從盆底向上大動作翻拌），全部混勻。
4. 麵糊倒入模型內，整平表面，平均地放上覆盆子，以170℃烤箱烤約25分鐘。出爐後，取1根長竹籤刺入蛋糕內，如果沒有沾附麵糊，表示烘烤完成。從模型內取出，冷卻後撒上適量的糖粉即可。

我家冰箱中常駐愛將
是圖中這款小岩井乳業出產的「明治優格」
與果醬、新鮮水果、冷凍果乾混和後，
就成為一道美味的早餐。

完成的點心直接吃就很好吃，
也可以放入很方便使用的冷凍覆盆莓，
可於家裡附近的超市、烘焙食材店，
或網路商店購買。

杏桃奶酥蛋糕

爽口又有顆粒般口感的奶酥蛋糕。純手工製作其實不難，用食物調理機來進行更是快速。只要把材料輪流放進機器裡，打開開關，選擇磨成最細的選項就好了。觀察機器裡攪拌的情形，覺得差不多後就停止。加在蛋糕的麵糊上面一起進烤箱烘烤，出爐當天的口感較為酥爽，隔天則較為扎實濕潤。這樣的變化，就好像吃到兩種不同口感的蛋糕般，相當有趣呢！

我曾經把奶酥用在蛋糕、餅乾、各式塔派上，作過各式各樣2層甚至3層的點心，才突然想起好像從來沒有用它來烤過奶酥麵包。這麼說來，其實菠蘿麵包就是麵包麵糰再加上餅乾麵糰下去烤出來的嘛。所以說，只要把餅乾麵糰置換成奶酥的材料去作，就算外觀不見得相同，我想口味應該是相去不遠的。

把捲成像蝸牛形狀的麵糰切開後，放入烘焙紙杯裡，上面盛放奶酥材料後送進烤箱，就能烤出很時髦的甜點來。也可以在麵包的麵糰裡混入肉桂粉、蘭姆葡萄乾，或糖漬橙皮，甚至可以作成帶有芝麻風味的黑糖杏仁醬奶酥，光想像就覺得超好吃，再繼續想像下去，恐怕我會無法自拔，今天就先在這裡打住吧（笑）！

材料（直徑7cm馬芬模型約9個）

奶酥材料

- 低筋麵粉　40g
- 杏仁粉　30g
- 無鹽奶油 30g
- 細砂糖　30g
- 鹽　1小撮

蛋糕麵糊

- 低筋麵粉　100g
- 泡打粉　⅓小匙
- 無鹽奶油 60g
- 酸奶油　40g
- 細砂糖　　80g
- 雞蛋　1個
- 蛋黃　1個
- 牛奶　1大匙
- 檸檬汁　1小匙
- 鹽　1小撮
- 罐頭杏桃　80g

前置準備

+ 奶酥用的奶油切成邊長1cm，置於冰箱冷藏備用。
+ 蛋糕麵糊用的奶油、雞蛋、蛋黃，置於室溫下回軟和回溫。
+ 蛋糕麵糊用的低筋麵粉、泡打粉、鹽，混合後過篩備用。
+ 杏桃切成小塊，置於餐巾紙上去除水分。
+ 模型內鋪上烘焙紙杯，或麵粉（皆為份量外）。
+ 烤箱以170℃預熱。

作法

1. 首先製作奶酥。在鋼盆內放入低筋麵粉、杏仁粉、細砂糖、鹽，以打蛋器以畫圓的方式混合均勻。加入奶油，以雙手搓揉，把奶油和粉類混勻，變成鬆散的顆粒狀後，裝入塑膠袋內放入冰箱冷藏一會兒。
2. 再來製作蛋糕的麵糊。在鋼盆內放入已在室溫下變軟的奶油，以打蛋器攪拌成柔軟乳霜狀，再倒入細砂糖，持續攪拌直至柔軟蓬鬆為止。慢慢加入已經打散的雞蛋和蛋黃混合成的蛋液，仔細攪拌均勻。
3. 加入已過篩的粉類，以不過度揉捻的方式，以矽膠刮刀俐落地攪拌混勻。在感覺還剩下少許粉末狀態時，加入事先以隔水加熱或微波爐加熱方式溶解混合的酸奶油和牛奶，然後再依序加入檸檬汁、杏桃，全部拌勻。
4. 麵糊倒入模型內，表面平均撒上步驟1的奶酥，以170℃烤箱烤約25分鐘。出爐後，取1根長竹籤刺入蛋糕內，如果沒有沾附麵糊，表示烘烤完成。從模型內取出放涼即可。

元氣飽滿的橘色，配上令人愉悅、
恰到好處的酸甜滋味，
就是可愛的杏桃。
切成小塊後混合在麵糊裡、
分散在表面上，
或是搗成果泥後和材料混合，
用法變化相當多元。

使用食物處理器，
就不需要靠雙手的溫度來軟化奶油，
簡簡單單就能作出奶酥了。
一次可以多作一些，
等分冷凍保存也很方便。

以湯匙來舀奶酥
當然是最完美的方法，
不過直接用雙手速度更快。

蘋果奶酥蛋糕

柔軟蓬鬆的蛋糕，新鮮香脆的蘋果，還有烤得又香又脆的奶酥，這三樣都是主角。把三種美味原素層層重疊後，就組成了這個讓人心頭暖洋洋的點心。製作蛋糕的材料裡，減少了奶油的比例，而以清爽的優格來增添輕盈又濕潤的口感。以杏仁粉作為蛋糕基底增加風味的同時，新鮮蘋果經過烘烤過後所產生的果汁完整地保留在麵糊中，呈現出天然又豐富的滋味。我也曾經使用洋梨、杏桃和奇異果來代替蘋果，一樣好吃。選用細砂糖，當然也可以少部分置換成紅糖，或選用自然甘甜的蔗糖也行。

我使用的模型是八角形的籃子裡放入圓形烘焙紙的小型籃子模型。模型的材質是天然的白楊木薄片。除了視覺上能感受到木片所帶來自然質樸的溫度之外，烤好出爐後也可以直接作成饋贈的小禮物，可愛的造形很受歡迎。使用討喜的模型來製作點心，過程當中不僅讓人心情愉悅，收禮的一方也會相當開心吧！如果是在家中享用這個點心，以籃子模型也許有點可惜，那麼就找個大大的耐熱器皿，烤好出爐後切開享用即可。

材料（直徑11cm的籃子模型4個）

低筋麵粉　80g
杏仁粉　30g
泡打粉　¼小匙
無鹽奶油　60g
原味優格　50g
細砂糖　70g
雞蛋　1個
蛋黃　1個份
鹽　1小撮
蘋果　1個
檸檬汁　1小匙

奶酥麵糰
低筋麵粉　40g
杏仁粉　30g
無鹽奶油　30g
細砂糖　30g
鹽　1小撮
裝飾用糖粉　適量

以薄木片作成的八角形模型裡，
鋪上烘焙紙的籃子模型。
除了可以用來烤蛋糕，也可以烤麵包。
或是裝滿迷你瑪德蓮小蛋糕或泡芙後，
包裝後當成禮物送人也很可愛！

前置準備

+ 雞蛋和蛋黃置於室溫下回溫。
+ 奶酥用的奶油切成邊長1cm，置於冰箱冷藏備用。
+ 蘋果去皮後切成小塊，淋上檸檬汁。
+ 蛋糕麵糊用的低筋麵粉、杏仁粉、泡打粉、鹽，混合後過篩備用。
+ 烤箱以160℃預熱。

作法

1. 首先製作奶酥。在鋼盆內放入低筋麵粉、杏仁粉、細砂糖、鹽，用打蛋器以畫圓的方式混合均勻。加入奶油，用雙手搓揉，把奶油和粉類混勻，變成鬆散的顆粒狀後，裝入塑膠袋內放入冰箱冷藏一會兒。
2. 在耐熱容器裡放入奶油和優格，以微波加熱或隔水加熱（容器底部接觸約60℃的熱水），混合溶化。保持置於熱水上方，維持溫度。
3. 在鋼盆內打入雞蛋和蛋黃，以電動攪拌器打散後，加入細砂糖，整體拌勻。然後讓鋼盆底部接觸熱水，同時再以電動攪拌器高速打發起泡，直至蛋液溫度上升到和人體體溫相當，移開熱水，繼續攪拌直至顏色變淡、質地黏稠（撈起時，落下的蛋液有如緞帶般持續不斷的狀態）。這時可以把電動攪拌器轉成低速，仔細地將鋼盆內蛋液的質地調整平均一致。
4. 把步驟2的奶油分成2至3次加入步驟3裡，以打蛋器從底部向上大動作翻拌的手法，攪拌均勻。再加入過篩後的粉類，以矽膠刮刀以同樣的手法（盆底向上大動作翻拌），全部混合均勻。
5. 把麵糊倒入模型內，蘋果塊平均散布壓在麵糊裡，表面撒上奶酥，以160℃烤箱烤約45分鐘。出爐後，取1根長竹籤刺入蛋糕內，如果沒有沾附麵糊，表示烘烤完成。蛋糕連同模型一起冷卻後，撒上糖粉即可。

材料全部混合成如圖片中的顆粒狀，
奶酥就完成了。
為了不讓奶油在搓揉過程中融化，
動作要快一點。
如果是用食物調理機進行，
先把粉類在機器內打散，
再倒入奶油，
混合成小團塊的顆粒狀即可。

蘋果塊的擺放方法並沒有規則，
喜歡怎麼放就怎麼放（笑）。
切成小塊後跟麵糊混在一起，
再倒入模型裡也可以。
順帶一提，同食譜的份量，
也適用直徑21cm的耐熱容器1個份，
以170℃烤約50分鐘即可。

特別變化款
memo

以下是我利用之前的食譜，加入些變化之後，所誕生出來的新版本點心。
和前面食譜中的圖片對照時，
若大家能感受這些點心轉變過後的差異及滋味上的變化，我會十分開心的。

焙茶方塊酥

P.20 · 肉桂方塊酥

沖一杯溫熱的飲料，配上幾塊小小的點心，稍事休息。雖然這只是一天中微不足道的片段，卻能夠重整思緒，讓大腦和身體都能喘口氣，在意義上其實是很重要的時刻呢！裝滿一整杯馬克杯的咖啡牛奶或是奶茶都好，也可以偶爾換成一杯日本茶，來個和風下午茶也不錯。只要注入熱水就很好喝的焙茶或玄米茶，搭配帶點和風口味的點心，彷彿又提高了一個等級。所以將造型可愛的胖胖方塊酥，也作了焙茶口味。

recipe

材料和作法
（約2.5cm的方塊36個）
和「肉桂方塊酥」相同。只要把原材料的肉桂粉½大匙，換成焙茶粉5g（如果沒有焙茶粉，就直接用焙茶的茶葉搗碎即可），混合在麵糰內，用同樣的方式烘焙。

香草小圓餅

P.8 · 4種小圓餅

原味的小圓餅，無論誰吃了都喜歡，是一款有超高人氣的餅乾。當我想保留原味又希望增加些許變化時，就會以香草口味來調味。圖中是剛剛烤好出爐的餅乾，可以再撒上一些糖粉，或直接享用也很美味。

recipe

材料和作法

（直徑2cm的小圓餅30至35個）

和「原味小圓餅」相同。把香草莢縱向剖開後，取出¼至½根的香草籽（或使用少許香草精），以食物處理器就和粉類一起加入，手工製作就和奶油一起加入，作出麵糊後，以同樣的方式烘焙即可。

白芝麻餅乾

P.12 · 黑芝麻餅乾

把黑芝麻換成白芝麻，麵糰揉成長條狀後不切開，直接以雙手掰開後揉成圓形，以充滿手感的方式來製作。食譜內容幾乎相同，只是把顏色和形狀稍作變化，就像換了新食譜般，有如新口味的餅乾。用白芝麻作出來的餅乾，比起黑芝麻，口感更鬆軟，滋味也更柔和。

材料和作法

（直徑3.5cm餅乾約70片）

和「黑芝麻餅乾」相同。把炒熟黑芝麻置換成同等份量的炒熟白芝麻，完成後的麵糰不需醒麵，直接揉成直徑2cm左右（5至6g）的小圓球後再輕輕壓扁，以同樣的方式烘焙即可。

特別變化款
memo

奶油乳酪蘋果鄉村蛋糕

P.106．蘋果鄉村蛋糕

有好長一段時間，我烤過數也數不清的「蘋果鄉村蛋糕」。以前總是以兩顆蘋果，作出較大的份量後，再分送給親朋好友。由於實在作太多了，後來我就把食譜改成一顆蘋果，完成比較容易製作的份量，烤好後就成為家中常備的點心了。蘋果和奶油起司的味道非常對味，在麵糊裡分散放入切成小塊的奶油起司，就可以作出和平時不太一樣的風味，請務必試試看。

recipe

材料和作法（11.5×6.5cm烘焙紙杯5個）
低筋麵粉55g，泡打粉¼小匙，杏仁粉60g，無鹽奶油60g，細砂糖65g，雞蛋1個，蘋果1小顆，蘭姆酒1大匙，以和「蘋果鄉村蛋糕」同樣的方式製作麵糊，麵糊→切成小塊的奶油起司80g→麵糊，以此順序放入模型內，以170℃預熱的烤箱烤30分鐘。如果模型是7cm馬芬模型，可以裝7個，以170℃烤約25分鐘。

咖啡堅果蛋糕

P.64 · 咖啡核桃蛋糕

在咖啡口味的麵糊裡加入核桃後，烤出來的就是「咖啡核桃蛋糕」。只要變換堅果，吃起來就像是完全不同風味和口感的咖啡蛋糕。隨性又愜意的馬芬造型，也很適合這款蛋糕。趁溫熱享用最棒了！或2至3天後等蛋糕變得潤澤而扎實後的口感，我個人則非常喜歡！

recipe

材料和作法
（直徑7cm的馬芬模型9個）
和「咖啡核桃蛋糕」相同。把原食譜中的核桃50g，置換成夏威夷豆25g和杏片碎片25g，製作蛋糕的麵糊，然後倒入鋪有烘焙紙杯的模型內，以170℃預熱過後的烤箱烤約20至25分鐘。

recipe

材料和作法
（直徑15cm圓形模型1個）
和「優格蛋糕」相同。把原食譜內的冷凍覆盆子，置換成罐頭杏桃（果肉對半切開）8至10個，切成小塊後混入麵糊內，以同樣的方式烘焙。杏桃混入麵糊內的時間點，可以和粉類一起，或最後一個步驟也可以。

杏桃優格蛋糕

P.118 · 優格蛋糕

在原食譜裡，我用的是15cm的正方形模型，隨意放上冷凍的覆盆子後再烘焙的優格蛋糕。這款蛋糕的基本配方和任何水果都合得來，口感濕潤又輕爽，非常適合和紅茶搭配作為下午茶的點心。這裡是以直徑15cm的圓形模型，烤好後切成放射狀。吃的時候可以添加一些發泡鮮奶油，也很搭哦！

烘焙良品 35

最詳細の烘焙筆記書 I
從零開始學餅乾&奶油蛋糕

作　　者／稲田多佳子
譯　　者／丁廣貞
發 行 人／詹慶和
總 編 輯／蔡麗玲
執行編輯／李佳穎
編　　輯／蔡毓玲・劉蕙寧・黃璟安・陳姿伶・白宜平
封面設計／翟秀美・李盈儀
內頁排版／造極
美術編輯／陳麗娜・李盈儀・周盈汝
出 版 者／良品文化館
郵政劃撥帳號／18225950
戶名／雅書堂文化事業有限公司
地址／220新北市板橋區板新路206號3樓
電子信箱／elegant.books@msa.hinet.net
電話／(02)8952-4078
傳真／(02)8952-4084

2014年12月初版一刷 定價／350元

takako@caramel milk tea san no "HONTO NI OISHIKU TSUKURERU" COOKIE TO BUTTER CAKE NO RECIPE by Takako Inada

Original Japanese edition published by SHUFU-TO-SEIKATSU SHA LTD.,Tokyo.

This Complex Chinese language edition is published by arrangement with SHUFU-TO-SEIKATSU SHA LTD., Tokyo in care of Tuttle-Mori Agency, Inc., Tokyo
Through Keio Cultural Enterprise Co.,Ltd New Taipei City, Taiwan.

總　經　銷／朝日文化事業有限公司
進退貨地址／235新北市中和區橋安街15巷1號7樓
電　　話／Tel：02-2249-7714
傳　　真／Fax：02-2249-8715

國家圖書館出版品預行編目(CIP)資料

最詳細の烘焙筆記書I從零開始學餅乾&奶油蛋糕/
稲田多佳子 著；丁廣貞譯. -- 初版. -- 新北市：
良品文化館出版：雅書堂發行, 2014.12
面； 公分. -- (烘焙良品 ;35)
ISBN 978-986-5724-23-8 (平裝)
1.點心食譜
427.16　　　　103020593

STAFF
書本設計／若山嘉代子　若山美樹
L' espace
採　　訪／相沢ひろみ
攝　　影／吉田篤史
(P.52至P.55、P. 100至P.102)
校　　閱／滄流社
編　　集／足立昭子

從零開始學！